RHEINISCH WESTFÄLISCHE AKADEMIE DER WISSENSCHAFTEN

Rheinisch-Westfälische Akademie der Wissenschaften

Natur-, Ingenieur- und Wirtschaftswissenschaften Vorträge · N 255

Herausgegeben von der
Rheinisch-Westfälischen Akademie der Wissenschaften

ERICH POTTHOFF

Grundriß einer speziellen Betriebswirtschaftslehre der Hochschule

WILHELM KRELLE

Wirtschaftliche Auswirkungen der Ausweitung des Bildungssystems in der Bundesrepublik Deutschland

Westdeutscher Verlag

236. Sitzung am 1. Oktober 1975 in Düsseldorf

Gesamtherstellung: Westdeutscher Verlag GmbH

ISBN-13: 978-3-531-08255-4 e-ISBN-13: 978-3-322-85689-0
DOI: 10.1007/978-3-322-85689-0

Inhalt

Grundriß einer speziellen Betriebswirtschaftslehre der Hochschule

Von *Erich Potthoff*, Düsseldorf

Einleitung

Es vergeht kaum ein Tag, an dem nicht in der Presse das Thema Hochschule behandelt wird. Im Zeichen der knapper gewordenen Mittel der öffentlichen Hand rückt die *Effizienz* der Hochschule immer mehr in den Vordergrund der Diskussion. Auf Wiedergabe von Zahlen kann verzichtet werden. Wichtig ist aber, daß wir zwei Probleme erkennen, mit denen sich die wissenschaftlichen Hochschulen gleichsam herausgefordert sehen. Das ist einmal die im Vergleich zu früher viel größere Zahl und zunächst noch weiter *steigende Zahl von Studierenden*, die zu einer qualifizierten Berufsfähigkeit ausgebildet werden sollen. Zum anderen geht es um eine *Intensivierung der Forschung*, da es für die Industrieländer wie die Bundesrepublik Deutschland in Zukunft wichtiger denn je wird, die Nutzung und Anwendung neuer technisch-wissenschaftlicher Erkenntnisse auf den Märkten der Welt anzubieten. Wir stehen damit in Konkurrenz zu anderen hochentwickelten Industrienationen. Nach *Robert Oppenheimer* leben heute 90% aller forschenden Naturwissenschaftler, die je existiert haben[1]. Beide Ansprüche der Gesellschaft an die Universität wirken wechselseitig aufeinander ein. Nicht nur die Hochschulen selbst brauchen einen hochqualifizierten Nachwuchs, sondern auch Wirtschaft und Gesellschaft, die steigende Anforderungen an das Wissen und Können einer immer größeren Zahl von Menschen stellen. Die Hochschullehrer sind damit in zweifacher Weise angesprochen, als *Bedienstete* einerseits und als *Wissenschaftler* andererseits. Als Wissenschaftler müssen sie sich damit auseinandersetzen, inwieweit sie die Erkenntnisse aus den einschlägigen Disziplinen auch für die Institution genutzt und angewendet haben, die Grundlage ihrer Arbeit ist: ihre Hochschule. In welche Richtung diese Überlegungen gehen können und sollten, sei im folgenden dargelegt[2].

Liest man die Veröffentlichungen zur Reform der Hochschule, so ist es überraschend, *wieviele* Stellen und Personen sich zu wievielen Fragen äußern. Die Zahl der wissenschaftlichen Arbeiten zur Hochschule ist dagegen geringer. Sie beziehen sich auch nur auf bestimmte Teilprobleme, z. B. Bauplanung, Probleme der Kapazitätsermittlung, Curriculumforschung, Fragen des Hochschul-Informations-Systems u. a. In den letzten Jahren entstanden allerdings verschiedene wissenschaftliche Einrichtungen, die sich ausschließlich mit Hochschulfragen beschäftigen.

Die *Hochschul-Informations-System GmbH (HIS)*, Hannover, befaßt sich speziell mit den Fragen, die mit dem Namen umrissen sind. Die Einrichtung wurde ursprünglich von der Volkswagenstiftung finanziert und wird heute von den Ländern weiter getragen. Das *Stuttgarter Zentralarchiv für Hochschulbau* befaßte und befaßt sich mit den insoweit einschlägigen Fragen, insbesondere mit den Problemen der Planung und Nutzung. Im Rahmen der Schriftenreihe *Saarbrücker Studien zur Hochschulentwicklung* (Hrsg. H. J. Schuster) hat sich auch die Hochschule des Saarlandes mit verschiedensten Problemen der Hochschule befaßt. Auch die vom *Bayerischen Staatsinstitut für Hochschulforschung und Hochschulplanung* (Leitung: Th. Finkenstaedt) herausgegebenen Materialien liefern interessante Beiträge zur Hochschulforschung. Neben diesen Einrichtungen darf man aber nicht die zahlreichen *Arbeits- und Projektgruppen* an verschiedenen Hochschulen vergessen, die vor allem im Zusammenhang mit der Lösung der Kapazitätsprobleme gebildet wurden (z. B. Mannheimer und Hamburger Gruppe), sowie die Arbeiten von verschiedenen *Einzelpersonen*, die sich aus persönlichem Engagement heraus mit den Problemen der Hochschule befaßt haben. Nicht zuletzt sind die Empfehlungen des Wissenschaftsrats für die wissenschaftlichen Hochschulen zu erwähnen.

Ein Vergleich mit dem westlichen Ausland, insbesondere mit den USA, macht aber deutlich, daß bei uns die Forschung zum Hochschulbereich noch große *Lücken* aufweist. Auffällig ist, daß sich die Betriebswirtschaftslehre in der Bundesrepublik mit diesem Komplex bislang so gut wie gar nicht befaßt hat. Das heißt nicht, daß nicht immer wieder Hinweise in dieser Richtung gekommen sind, insbesondere auch aus den Arbeiten im Bereich der Bildungsökonomie.

1. Die wissenschaftliche Hochschule als Gegenstand der Betriebswirtschaftslehre

Es ist zu verstehen, daß die Betriebswirtschaftslehre die Tätigkeitsbereiche der *kaufmännischen Unternehmung* bevorzugt. Dort spielen sich die produktionswirtschaftlichen, absatzwirtschaftlichen und finanzwirtschaftlichen Prozesse ab, für die als *Modell* das *erwerbswirtschaftliche Prinzip* mit dem Streben nach einem möglichst hohen Gewinn unterstellt werden kann.

Den Betriebswirten ist aber ebenso gegenwärtig, daß die *Wirklichkeit* nicht nur diesen Betriebstyp kennt. In den westlichen Ländern gibt es z. B. gemeinwirtschaftliche oder gemeinnützige Unternehmen ebenso wie die zahlreichen Betriebe der öffentlichen Hand, die aufgrund ihrer Satzung oder ihres öffentlichen Auftrags nur einen *angemessenen Gewinn* oder nur *Kostendeckung* erzielen dürfen. Oft sind sie reine Zuschußbetriebe, für die nicht Gewinnmaximierung, sondern die Verlustminimierung entscheidend ist. So bedarf es keiner weiteren Begründung, daß wir auch wissenschaftliche *Hochschulen* als Betriebe zum *Erkenntnisobjekt der Betriebswirtschaftslehre* zählen dürfen. Eine andere Frage ist, ob sich die betriebswirtschaftliche Betrachtung nur auf die wirtschaftlichen Fragen erstrekken soll. Ein großer Teil der betriebswirtschaftlichen Hochschullehrer sieht im Gegenstand der Betriebswirtschaftslehre nicht den Betrieb schlechthin, sondern nur die wirtschaftliche Seite des Betriebes und des Betriebsprozesses. Technische, rechtliche, soziologische, psychologische Fragen bleiben nach dieser Vorstellung ausgeklammert und gehören in das Untersuchungsgebiet anderer wissenschaftlicher Disziplinen.

Dieser alte Streit des Faches wurde bereits in den 20er Jahren ausgiebig ausgetragen. Es geht vor allem darum, ob nicht der *Mensch* mit seinen vielfältigen Beziehungen in die Betriebswirtschaftslehre einbezogen werden muß. Heute gibt es wieder namhafte Vertreter des Faches, die sich gegen die *nur wirtschaftliche Betrachtung* des Betriebes wenden. Teilweise stellen sie die Gültigkeit der Gewinnmaximierungshypothese in Frage. Dazu gehören insbesondere die Vertreter der entscheidungsorientierten und systemorientierten Betriebswirtschaftslehre.

Der *systemtheoretische* Ansatz ist für unsere Überlegungen besonders nützlich, da mit ihm versucht wird, für Betriebe ein Ordnungssystem darzustellen, das eine systematische Aufgliederung des Forschungs- und Lehrgebietes ermöglicht, ohne die Zusammenhänge der vielen Teilbereiche zu vernachlässigen. Eine so verstandene Betriebswirtschaftslehre kehrt damit nach *Günter Wöhe* zu *Schmalenbachs* methodischem Ausgangspunkt zurück: „Sie wird Kunstlehre, die der Praxis Anleitungen in Form von Modellösungen anbietet. Dieser neue Pragmatismus in der Betriebswirtschaftslehre unterscheidet sich allerdings von dem früherer Jahrzehnte in der Qualität seiner Rezepte: sie werden auf der Basis des theoretischen Wissens einer ganzen Anzahl von Disziplinen entwickelt.“[3]

So glauben wir denn auch zeigen zu können, daß der systemtheoretische Ansatz es erlaubt, die Probleme des Komplexes Hochschule besser zu lösen, als das bis jetzt der Fall ist. Gleichwohl ist den Kritikern der Systemtheorie in ihrer Anwendung für die Betriebswirtschaft zuzustimmen, daß sie als *Formalwissenschaft* selbst keine inhaltlichen Aussagen geben kann. Der Systembegriff ist zu allgemein und zu unbestimmt. *Erich Kosiol* weist aber in seinen kritischen Ausführungen auf den für uns entscheidenden Punkt hin, daß die Systemtheorie eine gute Grundlage für die interdisziplinäre Forschung ist. Darüber hinaus erlaubt die Systemvorstellung, wie *Hans Ulrich* formuliert, ,,vorurteilsfrei und nur mit einigen wenigen Grundbegriffen ausgerüstet, an die Vielfalt der wirklichen Erscheinungen heranzugehen und sie in ihrem Aufbau und ihrem Verhalten nach formalen Kategorien zu analysieren"[4]. Der wirtschaftliche Gesichtspunkt verliert damit seinen zentralen Platz, ohne daß er entfällt. Er ist jetzt Grundlage einer – allerdings wichtigen – Betrachtungsweise unter verschiedenen anderen.

In den nachfolgenden Ausführungen soll versucht werden, aus der hier geschilderten Sicht die betriebswirtschaftlichen Fragen zu erörtern, die speziell für die Hochschule, und zwar die große Hochschule mit 5000 und mehr Studenten, gelten. Soweit ich dabei auf Detailprobleme und ihre möglichen Lösungen eingehe, kann ich nur begrenzt auf spezielle Forschungsergebnisse im Hochschulbereich zurückgreifen. Betriebswirtschaftliche Erfahrungen aus anderen nicht erwerbswirtschaftlich ausgerichteten öffentlichen Betrieben, z. B. Theatern, Rundfunkanstalten, Krankenhäusern, bestärken mich aber darin, den Grundriß einer speziellen Betriebswirtschaftslehre der Hochschule als möglich aufzuzeigen. Ich beschränke mich auf die *Hochschulziele*, die verschiedenen *Dimensionen* der Hochschultätigkeit und die zentrale *Hochschulleitung*. Es fehlt eine spezielle Erörterung der typischen Betriebsfunktionen: der Beschaffung, Leistungserstellung, des Absatzes und der Finanzierungen. Im Hinblick auf den knappen Raum und das Ziel dieser Ausführungen kann jedoch darauf verzichtet werden.

2. *Die Hochschule als zielorientiertes System*

Vom Systemansatz her ist die Hochschule ein zielorientiertes System; sie ist ebenso wie der Betrieb in der Wirtschaft ein *künstlich geschaffenes Gebilde*, das keinen natürlichen oder Selbstzweck hat und daher nur ,,überleben" kann, wenn es durch seine Aktivität Funktionen für andere Systeme – also die Umwelt – ausübt. Das entsprechende Handeln verlangt Ziele, wonach sich die einzelnen Tätigkeiten richten können.

Während die Unternehmungen in der Wirtschaft in der Zielsetzung weitgehend autonom sind, sind der Hochschule *Ziele vorgegeben*, die als

Gesamtziele charakterisiert werden können. Sie sind in den Verfassungsgesetzen der Länder und den Satzungen der Hochschule definiert. Im Entwurf des Hochschulrahmengesetzes heißt es z. B., daß die Hochschulen der Pflege und Entwicklung der Wissenschaften und der Künste durch Forschung, Lehre und Studium dienen. Sie bereiten auf berufliche Tätigkeiten vor, die die Anwendung wissenschaftlicher Erkenntnisse und wissenschaftlicher Methoden oder die Fähigkeit zu künstlerischer Gestaltung erfordern. Soll ein solches *Zielsystem operational* sein, so muß es nach Qualität, Quantität, Zeit und Raum definiert werden; es wird eine hierarchische Struktur haben, in der von oben nach unten allgemeine Zielvorstellungen sukzessive in konkrete, schließlich operationale Ziele und Teilziele aufgegliedert werden[5]. Das erfordert *Entscheidungskriterien*, damit die verschiedenen Alternativen beantwortet werden können.

Wichtiger Bestandteil des obersten Zielsystems ist das *Prinzip der Rationalität*, wonach die Zweck-Mittel-Relation so günstig wie möglich zu gestalten ist. Das schließt das Wirtschaftlichkeitsprinzip als besondere Erscheinungsform des Rationalprinzips ein. Hierbei können wir mit *Erich Kosiol* unterteilen nach einer mengenmäßigen oder technischen Wirtschaftlichkeit und einer wertmäßigen oder ökonomischen Wirtschaftlichkeit. Die erstere spielt für die umfangreichen technischen Anlagen in großen Universitäten eine Rolle. Sicher ist es nicht leicht, die komplementären weiteren, nichtökonomischen Ziele festzulegen. In der Praxis gibt es wohl entsprechende Handlungsmotive, aber kaum formulierte Ziele. Auch von den Vertretern der entscheidungsorientierten und systemorientierten Betriebswirtschaftslehre wird nicht verkannt, daß es erhebliche Schwierigkeiten verursacht, diese Ziele exakt zu definieren[6]. Dennoch sollte es, in aller Unvollkommenheit, versucht werden, allein schon, um *Zielantinomien* zu erkennen und zu vermeiden, wozu es einer Klärung des jeweiligen Anspruchsniveaus bedarf.

Zur Zielstruktur gehören verschiedene Teilziele für die einzelnen Hochschulbereiche. Sie zu bestimmen, ist nicht minder schwierig. In der Lehre werden zur Zeit verschiedene Zielsetzungen öffentlich diskutiert, wie z. B. die Regelstudienzeit. Zu den Zielen der Lehre gehört aber auch, welche *Prioritäten* für die Wissensvermittlung, die Denkschulung oder methodische Schulung gesetzt werden. Vom Physiker von morgen heißt es z. B., daß er mehr angewandtes Wissen braucht. Diese wenigen Hinweise mögen zur Veranschaulichung des Zielsystems genügen. Es sei nur hinzugefügt, daß die Formulierung von Teilzielen eine wichtige Grundlage für die Meßbarkeit von Leistungen ist.

3. Die verschiedenen Dimensionen der Hochschultätigkeit

Das System Hochschule ist wie jedes System durch seine *Beziehungs-* und *Prozeßstruktur* charakterisiert. Mit *Hans Ulrich* sollen vier Dimensionen der Prozeßstruktur unterschieden werden: die materielle, soziale, kommunikative und wertmäßige Dimension. Ausgangspunkt ist die gesamte Tätigkeit an den wissenschaftlichen Hochschulen. Sie sei an ausgewählten Beispielen unter dem besonderen Aspekt der Rationalität und Wirtschaftlichkeit und ihrer Meßbarkeit veranschaulicht.

3.1 Die Hochschule als materielles Transformationssystem

Die Tätigkeit der Hochschule kann als *physikalisch-technologisches Geschehen* betrachtet werden, bei dem materielle Güter beschafft, bewegt, bearbeitet, verbraucht, genutzt werden. Zu den *Sachgütern* gehören vornehmlich Gebäude und maschinelle Ausstattungen, aber auch Verbrauchsstoffe, z. B. Energie. Der Energiebedarf einer großen Hochschule ist durchaus mit dem einer Kleinstadt zu vergleichen. Die Investitionsausgaben für eine neue Universität, die mindestens 10000 Studenten umfassen soll, betragen heute etwa 2 Mrd. DM. Bei den laufenden Ausgaben entfällt etwa ein Drittel allein auf die technischen Einrichtungen, wie Versorgungseinrichtungen für Wasser, Strom, Gas, Wärme und Kälte, Werkstätteneinrichtung usw.

Die in der Hochschule tätigen wissenschaftlichen und nichtwissenschaftlichen Kräfte bilden neben den übrigen Produktionsfaktoren den Faktor „*menschliche Arbeitsleistung*". In den wissenschaftlichen Hochschulen der Bundesrepublik sind z. B. insgesamt fast 240000 Personen beschäftigt. Davon sind wissenschaftliche Kräfte knapp 80000. Eine der großen Hochschulen des Landes Nordrhein-Westfalen, die Universität zu Köln, hatte 1973 bei rund 21000 Studenten etwa 6000 Beschäftigte; ca. 3000 davon entfielen auf die Hochschulkliniken. Insgesamt können Sachmittel und menschliche Arbeitsleistung als das „Mengengerüst" der Hochschultätigkeit bezeichnet werden, weshalb auch von der materiellen Dimension gesprochen werden kann.

Wenn wir die Mittel, die die Universität für ihre Leistungserstellung einsetzt, als *Input* bezeichnen, können wir ihre Leistungsabgabe als *Output* verstehen. Die Hochschule ist dann ein System, das Input in Output transformiert. Im Sinne der Bildungsökonomie ist unter Output insbesondere das *Lernergebnis* zu verstehen, das auf die erworbene Qualifikation im Sinne von Kenntnissen, Fertigkeiten abstellt. Betriebswirtschaftlich gesehen, gehen wir von der durchgeführten *Lehrveranstaltung* aus. Sie ist gleichsam das unmittelbare Produkt des Produktionsprozesses Lehre, d. h. der Kombination der menschlichen Tätigkeit mit den jeweils notwendigen Sachmitteln.

Um die Effizienz des materiellen Transformationsprozesses zu messen, sind Input und Output nach Menge, Qualität und Zeit zu bestimmen. Wenn wir die erbrachte Leistung auf die Lehrveranstaltung beziehen, ist der wesentliche *Indikator für die Leistungsmenge* die Zahl der verschiedenen Veranstaltungen. Da die Arbeitsleistung auch von den verschiedenen Methoden und Lehrformen, z. B. Vorlesungen, Übungen, Seminaren usw., abhängt, ist es sinnvoll, die Indikatoren nach den verschiedenen Formen der Leistungsbereiche aufzugliedern: nach Fachbereichen, Studiengängen und Veranstaltungsarten, weiter nach Grundstudium, Aufbaustudium und Doktorandenstudium usw. Da bei dieser Form der Dienstleistungsproduktion Erstellung und Verwertung der Leistung eng zusammenhängen, ist als mittelbarer Indikator auch der Lehrerfolg (Diplomprüfung, Zwischenprüfung usw.) in die Messung der Leistungsmenge einzubeziehen.

Die Hochschulen kennen für ihre Leistungen keine im Markt erzielten *Preise*, die eine im Wettbewerb gebildete Bewertung darstellen. So bedarf es besonderer Hilfsmittel, die Qualität der angebotenen Dienstleistungen zu ermitteln. Auch dafür gibt es verschiedene Indikatoren. Meßgrößen für die Lehrqualität lassen sich z. B. unmittelbar gewinnen durch Befragung der Studenten, die im Ausland durchaus üblich ist, oder mittelbar durch eine Befragung von Wirtschaft und Verwaltung, ferner durch die Bewertung von (unabhängigen) Kommissionen oder durch einen Vergleich der Examensnoten. Indikatoren für die quantitative Leistungsbewertung können z. B. die Kosten je Veranstaltung oder je Student (Studienabschluß) sein. Für Hochschullehrer, die Lehre und Forschung miteinander verbinden, läßt sich der Input der Forschung nicht genau ermitteln. Für Effizienzberechnungen empfiehlt es sich daher, vor allem den Output der Lehre zu messen.

Wissenschaftliche Hochschulen sind nicht nur Stätten der Lehre, sondern auch der *Forschung*. Soll ihre Effizienz gemessen werden, so gehört dazu auch die Leistung, die durch die Forschung erbracht wird. Messungen sind aber hier noch schwieriger als bei der Lehre. Immerhin, wenn auch Marktpreise fehlen, so ist die Messung doch nicht ganz unmöglich. *Quantitative Indikatoren* können z. B. Publikationen, Patente, Vorträge usw. sein. Ebenso gehören die Kosten der Forschungsprojekte dazu. Indikatoren für die *qualitative Bewertung* können wie bei der Lehre die Beurteilungen in Wirtschaft und Verwaltung, in Kommissionen sein, auch Auszeichnungen, um nur einige Beispiele zu nennen. Im Grunde handelt es sich um Maßstäbe, die informell schon heute gelten, aber systematisiert werden können. Wie schon angedeutet, konnten für die Meßbarkeit der Lehrleistung und der Forschungsleistung nur einzelne Beispiele von möglichen Indikatoren gebracht werden. Sie sind also keineswegs vollständig aufgezählt. Hinzuzufügen ist auch, daß diese Maßstäbe nicht isoliert, sondern nur im Zusammenhang für die Beurteilung herangezogen werden können.

Da die effektive Leistungsmöglichkeit oder Kapazität der einzelnen Elemente bzw. des ganzen Systems Hochschule begrenzt und heute der großen Nachfrage durch die Studenten nicht mehr gewachsen ist, wurde und wird die effektive Nachfrage nach Hochschulleistungen – bildungsökonomisch gesehen der Output der Hochschule: ausgebildete Studenten – durch den numerus clausus beschränkt. Inzwischen gibt es eine Reihe von Untersuchungen, in denen Kapazitätsmodelle entwickelt worden sind. Sie reichen vom statischen Modell aufgrund von Grobermittlungsformeln bis zum dynamischen Optimierungsmodell. Für den Betriebswirt ist damit letztlich die Frage der *optimalen Betriebsgröße* der Hochschule und ihrer Einflußgrößen verbunden. Sie stellt sich nicht nur für die Hochschule insgesamt, sondern auch für die einzelnen betrieblichen Einheiten, z. B. die Fachbereiche. Je größer die Zahl der Fachbereiche, desto größer ist die Gefahr, daß Kompetenz- oder Koordinierungsschwierigkeiten auftreten.

Die Leistungsfähigkeit der Hochschule hängt auch von der *zeitlichen* Struktur ab, in der die Leistungen erstellt werden. In der Praxis besteht die überkommene Regelung, nach der es fünf Monate vorlesungsfreie Zeit, drei Monate Sommersemester und vier Monate Wintersemester gibt; das arbeitsreiche Ende des Sommersemesters ist oft der heißeste Monat des Jahres. Die Problematik wird vielleicht mit einem Zitat anschaulich. „Es ist nicht einzusehen“, so heißt es darin, „daß sich der Hochschulbetrieb noch an Aussaat- und Erntezyklen der Landwirtschaft orientiert; der allergeringste Prozentsatz der Hochschulbetroffenen ist an der landwirtschaftlichen Produktion beteiligt.“[7] Vorschläge zur *Verbesserung der Zeitstruktur* in der Hochschultätigkeit gibt es viele, ohne daß jedoch bisher Entscheidungen getroffen worden wären. Im Zeichen der vielen Reformbemühungen ist es sicherlich verständlich, daß man hier nicht noch zusätzliche Unruhe hervorrufen will. Das Problem sollte aber damit nicht für immer aufgeschoben werden.

Ein Versuch, die vielen Zusammenhänge des hier kurz skizzierten materiellen Transformationsprozesses einer wissenschaftlichen Hochschule systematisch darzustellen, wird in diesen Monaten in einem Projekt des Stifterverbandes für die Deutsche Wissenschaft durchgeführt, das die *Ökonomie der Hochschule* zum Gegenstand hat. Projektleiter ist Wirtschaftsprüfer *Dr. Heinz Bolsenkötter*, Mitarbeiter der WIBERA Wirtschaftsberatung AG, der auch ich angehöre.

3.2 Die Hochschule als interpersonelles System

In der materiellen Dimension ist der Mensch mit seiner Arbeitsleistung qualitativ und quantitativ im zeitlichen und räumlichen Ablauf festgehalten. Der Mensch ist aber keine Maschine, sondern ein höchst *differenziertes Individuum*, das in seiner subjektiven Struktur vielfältig angelegt und von seiner sozialen Umwelt in differenzierter Weise geprägt ist. In statischer Betrachtung entsteht dadurch im System Hochschule ein Netz *zwischenmenschlicher Beziehungen*, in dynamischer Sicht gibt es einen Komplex von Kontakten und Interaktionen zwischen den Menschen. *Ulrich* spricht hier von der *sozialen Dimension*[8].

Das Beziehungsgefüge wird wesentlich durch die Personalstruktur bestimmt, die ihrerseits weitgehend von der Besoldungsstruktur abhängt. Beides sind Faktoren, die die Arbeitsfähigkeit und Leistungsbereitschaft des einzelnen beeinflussen. Die Effizienz der Leistung einer Hochschule ist daher nicht zuletzt von den *physiologischen* und *psychologischen* Einflußgrößen des Menschen abhängig. Die einschlägigen Wissenschaften können es für sich in Anspruch nehmen, daß der arbeitende Mensch heute in einem viel größeren Umfange als früher in seinen physiologischen und psychologischen Strukturen gesehen wird. Die Ergebnisse der *Arbeitswissenschaften*, die teilweise Eingang in die Gesetze des Arbeits- und Sozialrechts gefunden haben, gelten auch für den Hochschulbereich.

In der Wirtschaft wurde inzwischen erkannt, daß viele Fehler der Führung darauf zurückzuführen sind, daß das Führen selbst nicht genügend erlernt wurde. Es wäre daher wichtig, daß, ebenso wie in den Betrieben der Wirtschaft, alle Führungskräfte einer Hochschule ausreichend darüber informiert sind, was bei der Führung von Menschen alles zu beachten ist.

Ein zentrales Problem ist das *Spannungsfeld* Forschung und Lehre. Generell besteht die Forderung, daß beide nicht zu trennen, sondern als eine Einheit anzusehen sind. Dennoch kann es zweckmäßig sein, daß sich einzelne Professoren mehr auf die Lehre, andere mehr auf die Forschung konzentrieren. Entscheidend ist, wie die interne und die externe

Bewertung solcher Tätigkeitsschwerpunkte vorgenommen werden. Hier wird in der Diskussion der Grundsatz der Gleichwertigkeit gefordert. Damit soll aber nicht einer egalisierenden Besoldung das Wort geredet werden. Aus betriebswirtschaftlichen Überlegungen ist vielmehr zu fordern, daß auch im Hochschulbereich eine *leistungsorientierte Besoldung* mehr Beachtung findet. Daher wird zu prüfen sein, ob nicht entsprechende Besoldungsformen neu entwickelt werden sollten. Wir sind uns der Problematik durchaus bewußt, die hier mit der Bestimmung der Normalleistung gegeben ist. Es sei aber auf die Praxis im Ausland hingewiesen, die auch stärker leistungsorientierte Besoldungsformen in verschiedensten Ausprägungen kennt. Sicher werden gewachsene Strukturen zu berücksichtigen sein. Doch für eine wissenschaftliche Analyse der Hochschule muß es erlaubt sein, sie in Frage zu stellen.

3.3 Die Hochschule als Informationssystem

Neben den Vorgängen im personalen Bereich ist die Tätigkeit der Hochschule ebenso ein Komplex von Vorgängen der Informationsgewinnung, -verarbeitung und -verwendung. Diese formalen Gestaltungsfaktoren werden als *kommunikative Dimension* bezeichnet. Im Rahmen der zahlreichen Arbeiten zur Reform der Hochschule in den 60er Jahren wurde allgemein bewußt, daß ein großer Mangel an notwendigen Informationen bestand. Die Hochschultätigkeit ist wegen ihrer dezentralen Struktur im Bereich von Forschung und Lehre aber auch auf eine hohe gegenseitige Information angewiesen. Je umfassender alle wissenschaftlichen Kräfte z. B. über die laufenden Arbeiten informiert sind, desto leichter ist die Koordination, nicht nur für zentrale Stellen, sondern auch für die Beteiligten selbst. Das gilt ganz besonders für die Forschung. Vor Beginn eines Forschungsvorhabens sollte der Informationsstand besonders gut sein.

Überall da, wo heute die Frage der Information diskutiert wird, wird auch das *integrierte Informationssystem* erörtert. Vielfach besteht aber noch nicht genügend Klarheit darüber, welche umfangreiche Grundlagenarbeit vorangehen muß. So kann eine vollständige Darstellung aller Informationsprozesse in der Hochschule in einem integrierten Informationssystem, das nach Vorstellungen der Informationsökonomie optimiert ist, nur ein Fernziel sein. Für die Praxis dagegen ist es notwendig, sich mit Teil-Informationssystemen zu begnügen und sie auf ihre Anwendbarkeit und Nützlichkeit im Sinne der Hochschulaufgaben zu prüfen.

3.4 Die wertmäßige Dimension der Hochschule

Mit den Hinweisen auf den fehlenden Marktpreis für die Leistungen der Hochschule haben wir die vierte – *wertmäßige* – Dimension angesprochen. Betriebe, die in der Wirtschaft ihre Produkte zu bestimmten Preisen im Markte verkaufen, werden damit automatisch für ihre Leistung bewertet. Aus den Erträgen werden die Aufwendungen gedeckt. Der Mehrertrag ist der Gewinn, der entweder ausgeschüttet wird oder der Neukapitalbildung dient. Die Leistungen der Hochschule werden weitgehend kostenlos abgegeben. Die Aufwendungen für sie werden über die öffentlichen Haushalte finanziert. Dementsprechend hat die Hochschule auch kein kaufmännisches, sondern das für die öffentliche Verwaltung gültige *kameralistische Rechnungswesen*, dessen Ziel vor allem die laufende Kontrolle der Geldbewegungen ist. Wenn die öffentliche Verwaltung auch nicht im privatwirtschaftlichen Sinne tätig wird, so ist sie doch gehalten, die Grundsätze der Wirtschaftlichkeit zu beachten. Allerdings ist dieser Begriff meist zu eng mit Sparsamkeit gleichgesetzt. Wirtschaftlichkeitsberechnungen sind nur in Ansätzen vorhanden. Erst in jüngster Zeit werden bei größeren Projekten sogenannte Kosten-Nutzen-Untersuchungen gefordert[9].

Aus betriebswirtschaftlicher Sicht wäre zu fordern, daß in der Hochschule wie in den Betrieben der Wirtschaft eine *Zweiteilung des Rechnungswesens* vorgenommen wird, und zwar in eine nach außen hin orientierte Rechnungslegung und eine als internes Kontroll- und Steuerungsinstrument dienende *innerbetriebliche Kosten- und Leistungsrechnung*. Dementsprechend könnte bei der Hochschule das kameralistische Rechnungswesen weiterhin für die *externe Rechnungslegung* beibehalten werden, während zusätzlich eine interne Betriebskostenrechnung entwickelt wird, die natürlich mit der Haushaltsrechnung verbunden ist.

Wie bereits erwähnt, wird die Leistungsbewertung der Hochschule – außer durch das Fehlen einer Kostenrechnung – insbesondere durch die fehlenden Marktpreise erschwert. Eine Kostenrechnung für Hochschulen enthält aber ihren Wert bereits dadurch, daß die Kosten nach *verursachenden Verantwortungsbereichen* ermittelt werden, also nach Fachbereichen, Forschungsstellen, allgemeiner Verwaltung, Versorgungs- und Haustechnik, Werkstätten. 1972 hat eine von Dr. *Heinz Bolsenkötter* geleitete Projektgruppe für das Land Nordrhein-Westfalen – Landesamt für Forschung – eine Untersuchung über eine mögliche Kostenrechnung in Hochschulen erarbeitet, die auch veröffentlicht worden ist[10]. In der zusammenfassenden Darstellung dieser Arbeit sind die hier liegenden

Möglichkeiten, aber auch die noch offenen Fragen aufgezeigt. Das gilt insbesondere für die in der modernen Betriebswirtschaftslehre wichtige Kosten- und Produktionstheorie. Sie besteht für Hochschulen noch nicht; allerdings sind in neuester Zeit Versuche in dieser Richtung zu verzeichnen. Verwiesen sei auf *Reinhard Caspar:* Ökonomische Konzeption einer rationalen Hochschulplanung. Aber gerade für die Entwicklung einer Hochschul-Kosten- und -Produktionstheorie können die Ergebnisse von Kostenrechnungen eine gute Hilfe leisten. Umgekehrt können Fortschritte in der Hochschul-Kosten-Theorie zur Verbesserung in der Kostenrechnung führen und die Zielsicherheit dieses Instruments verbessern[11].

4. Zentrale Hochschulleitung

Die kurze Erörterung der verschiedenen Dimensionen der Hochschultätigkeit hat deutlich gemacht, wie vielfältig sie ist. So ist die Frage nicht unberechtigt, ob hier überhaupt von einem einheitlichen Gebilde gesprochen werden kann. Mit dem systemtheoretischen Ansatz für eine spezielle Betriebswirtschaftslehre der Hochschule unterstellen wir aber, daß die Hochschule *nur* aus einer *ganzheitlichen Betrachtungsweise* zu gestalten und zu führen ist. So wichtig die einzelnen Teile des Systems Hochschule – etwa die Fachbereiche – sind und so selbständig sie auch handeln sollen, so sind sie doch gleichzeitig Teile der „Ganzheit Hochschule".

Die Problematik der bisherigen Hochschulorganisation ergibt sich aus ihrem vielfältig vertikal und horizontal gegliederten Aufbau. Eine nicht geringe Rolle spielt auch, daß die *Kommunikation* nach außen weitgehend dezentralisiert ist. Betriebswirtschaftlich-organisatorisch stehen wir vor dem zentralen Problem jeder Großunternehmung in der Wirtschaft, die einen dezentralen Aufbau hat. Es geht darum, in welchem Umfange eine *einheitliche Willensbildung* für die vielfältigen Tätigkeiten gewährleistet sein kann. Wir sind der Meinung, daß – gerade nach der Analyse der verschiedenen Dimensionen einer Hochschultätigkeit – nur eine *stärkere zentrale Hochschulleitung* dieser Forderung gerecht wird. Eine entsprechende Tendenz ist auch in den verschiedenen Hochschulgesetzen festzustellen. Dabei ist zu beachten, daß zwischen der in den Landeshochschulgesetzen gewährleisteten Selbstverwaltung der Hochschule und der Staatsverwaltung enge Verbindungen bestehen.

Der Staat hat neben der *Rechtsaufsicht* eine Reihe von *Mitwirkungsrechten,* z. B. bei Einführung und Änderung von Studiengängen. Der Genehmigung des Staates bedürfen z. B. Hochschulsatzungen, Fachbereichssatzungen, Prüfungsordnungen, Ordnungsvorschriften u. a. Da diese Mitwirkungsrechte, insbesondere die laufend notwendige Abstimmung der Planung mit dem Träger, eine enge Zusammenarbeit von Hochschulen und Staat erfordern, ist nach unserer Auffassung auch deswegen eine wirksame zentrale Hochschulleitung notwendig. Damit soll nicht die Selbständigkeit der einzelnen Fachbereiche angetastet werden. Wir wollen die zentrale Leitung einer Hochschule nur so verstehen, daß sie diejenigen Aufgaben ausführt, die zweckmäßigerweise nicht von den nachgeordneten Einheiten, insbesondere den Fachbereichen, durchgeführt werden können. Dazu gehören alle Maßnahmen, die die Hochschule als Ganzes betreffen.

Eine wichtige Aufgabe der Gesamtleitung ist neben der *Zielbestimmung* die *Koordination* der zahlreichen Teileinrichtungen und Fachbereiche im Interesse der Hochschule als Ganzes. Eine wesentliche Forderung ist dabei vor allem, zu einer optimalen Personalstruktur und dem damit gegebenen Leistungspotential zu kommen. Die an sich mögliche Selbstkoordination dürfte in Großuniversitäten wohl zu wenig effizient sein. Gleichzeitig gehört zu den Aufgaben der Gesamtleitung, daß im Hinblick auf die Leistungserstellung die zweckmäßigsten Regelungen für die Nachfrage der Studierenden gefunden werden, wie sie sich z. B. in der Entwicklung von Studiengängen usw. darstellen. Nicht zuletzt hat die Gesamtleitung dafür Sorge zu tragen, daß neben der personellen Kapazität auch eine ausreichende technische und finanzielle Kapazität vorhanden sind. Das gilt besonders auch für die Forschung.

Einer solchen zentralen Hochschulleitung wären dann die verschiedenen Fachbereiche zuzuordnen, in der Lehrstühle und eventuell Institute für die Forschung zusammengefaßt sind, sofern diese nicht neben den Fachbereichen oder als interdisziplinäre Einrichtung bestehen. Dieser Aufbau ist bei Großuniversitäten vergleichbar mit dem Strukturschema *dezentralisierter Großunternehmen* in der Wirtschaft[12]. Mit einer ähnlichen strukturellen Ordnung in der Hochschule ist auch der Übergang von der dualen Leitung zur Einheitsverwaltung gegeben, wie er sich inzwischen mehr und mehr abzeichnet.

Eine weitere Folgerung hieraus ist die Einführung einer *kollegialen Leitung*, bestehend aus Präsident, Vizepräsidenten und Kanzler bzw. leitendem Verwaltungsbeamten. Sie ist auch möglich bei der Rektoratsverfassung mit Rektor, Konrektoren und Kanzler. Entscheidend bei einer solchen kollegialen Hochschulleitung ist, daß sie ihre Aufgaben nach *Ressorts* gliedert, so wie wir das von den Vorständen großer Unternehmungen kennen. Eine Grundgliederung dieser Art könnte ein Ressort für Lehre und Studium und eines für die Forschung vorsehen. Sind Universitätskliniken vorhanden, so wird es sinnvoll sein, auch dafür ein Ressort anzugliedern. Entsprechende teilweise weitergehende Ressortgliederungen gibt es in den Hochschulen der USA.

Bei der großen Bedeutung von Planung und Rechnungslegung in der Hochschule bietet es sich an, das *Controller-Konzept* in der Verwaltung zu erörtern[13]. Der angelsächsische Begriff des Controller darf jedoch nicht mit Kontrolleur oder Revisor übersetzt werden. Er leitet sich von „to control" ab, was soviel wie Steuerung oder Lenkung bedeutet. In den Großunternehmen in der Wirtschaft findet eine solche Position mehr und mehr Eingang; sie umfaßt die gesamten planerischen, dokumentarischen und Überwachungsaufgaben des Rechnungswesens. Solche Überlegungen führen zu entsprechenden Umgliederungen im Bereiche der bisherigen Aufgaben des Kanzlers.

Mit Großunternehmen vergleichbar ist auch die Zweiteilung der Hochschulleitung: daß dem *Präsidialorgan* oder dem *Rektorat* ein *Kollegialorgan übergeordnet* ist. Wie Rechte und Pflichten beider Organe abzugrenzen sind, ist nicht einheitlich. Im Sinne einer betriebswirtschaftlich effizienten Leitung sollte die Regelung jedenfalls so sein, daß das primäre Leitungsorgan, Rektorat oder Präsidialorgan, die Verantwortung für die laufende Universitätsleitung hat; die vorgeordneten sekundären Leitungsorgane haben dagegen Überwachungsaufgaben, und bei einzelnen wichtigen Vorgängen wäre gemeinsam zu entscheiden. Sie sind in der Wirtschaft mit dem Aufsichtsrat der Aktiengesellschaft zu vergleichen. Er steht dem Vorstand, der in eigener Verantwortung die Gesellschaft leitet, aufsichtführend und beratend gegenüber; darüber hinaus hat er in bestimmten, im einzelnen festgelegten Geschäften der Gesellschaft ein Zustimmungsrecht. Der Gesetzgeber hat außerdem bestimmte regelmäßig an den Aufsichtsrat zu erstattende Berichte vorgeschrieben. „Im übrigen läßt der Gesetzgeber Raum, um den, jedem Unternehmen eigenen, besonderen Verhältnissen und vor allem Persönlichkeiten entsprechend Rechnung zu tragen und damit das individuelle Bild des Führungskörpers jeder Aktiengesellschaft zu formen."[14] Bei den Hochschulen ist natürlich auf die früher schon erwähnte Rechtsaufsicht und die Mitwirkungsrechte des Staates hinzuweisen, die bei einer Neugestaltung der primären und sekundären Leitungsorgane zu berücksichtigen sind.

Die Wirksamkeit der geschäftsführenden Hochschulleitung setzt weiterhin voraus, daß *Stabsstellen* vorhanden sind, die speziell die Tätigkeit des

Rektors oder Präsidenten unterstützen. Dazu können gehören die Planung, Presse und Information, eventuell auch Hochschulrecht, akademisches Auslandsamt, um einige Beispiele aus der Praxis zu nennen.

Von bestimmten Ausnahmen abgesehen, die insbesondere im Bereich des Hochschulhaushalts liegen, hätte eine solche zentrale Hochschulleitung keinerlei Anweisungsrecht gegenüber den Fachbereichen. Ihre wesentliche Aufgabe ist hier die der *Koordinierung* im Rahmen der verschiedenen Kommissionen, die sich aus Vertretern der Fachbereiche zusammensetzen und den Organen der zentralen Hochschulleitung zugeordnet sind. Solche Einrichtungen sind keineswegs hochschulspezifisch. In Großunternehmen der Wirtschaft, insbesondere mit dezentralem organisatorischen Aufbau, gibt es ebenfalls ein umfassendes System von Kommissionen, die in die Meinungsbildung und teilweise auch Entscheidungsfindung der Führungsspitze eingeschaltet sind.

Ebenso sind die Probleme der *Mitbestimmung* nicht nur eine Frage der Hochschulen. Universitätsspezifisch hingegen ist im Rahmen der Reformen das Problem der *Gruppenuniversität.* Hier mischen sich nicht nur Mitbestimmungsüberlegungen, die mit denen der Wirtschaft vergleichbar sind, sondern auch Vorstellungen von einer mehr oder weniger autonomen universitären Institution. In diesen Ausführungen kann darauf nicht weiter eingegangen werden. Grundsätzlich ist nur so viel zu sagen, daß auch für die Organe der Mitbestimmung in ihrer verschiedenen Ausprägung betriebswirtschaftlich die gleichen Grundsätze der *Effizienz* gelten. Das gilt für die Zahl der Organe, ihre Zusammensetzung und ihre Arbeitsweise.

Zusammenfassung

Vom systemtheoretischen Ansatz der Betriebswirtschaftslehre, wie ihn *Hans Ulrich* entwickelt hat, wird die Hochschule als zielorientiertes System in seiner charakteristischen Beziehungs- und Prozeßstruktur analysiert. Darin werden vier Dimensionen der Prozeßstruktur unterschieden: die materielle, soziale, kommunikative und wertmäßige Dimension.

In der *materiellen* Dimension kann die Hochschule als Transformationssystem gesehen werden, in dem materielle Güter beschafft, bewegt, bearbeitet, verbraucht und genutzt werden. Die in der Hochschule tätigen wissenschaftlichen und nicht-wissenschaftlichen Kräfte bilden neben den übrigen Produktionsfaktoren den Faktor menschliche Arbeitsleistung. Bezeichnen wir die Mittel, die die Universität für ihre Leistungserstellung einsetzt, als Input, kann die Leistungsabgabe als Output verstanden werden. Als Output wird die durchgeführte Lehrveranstaltung gesehen. Um die Effizienz des materiellen Transformationsprozesses zu messen, sind Input und Output nach Menge, Qualität und Zeit zu bestimmen. Die hier möglichen quantitativen und qualitativen Maßstäbe für die Lehre und Forschung werden beispielhaft dargestellt.

Die *soziale* Dimension der Hochschule ist durch das interpersonelle System gekennzeichnet. Das damit gegebene Beziehungsgefüge wird wesentlich durch die Personalstruktur bestimmt, die ihrerseits weitgehend von der Besoldungsstruktur abhängt, die nur bedingt leistungsorientiert ist. Beides sind Faktoren, die die Leistungsfähigkeit und Leistungsbereitschaft des einzelnen beeinflussen, für die außerdem physiologische, psychologische und sozialpsychologische Einflüsse bestimmend sind. Ein zentrales Problem ist das Spannungsfeld Forschung und Lehre.

Neben den Vorgängen im personalen Bereich ist die Tätigkeit der Hochschule ebenso ein Komplex von Vorgängen der Informationsgewinnung, -verarbeitung und -verwendung. Diese formalen Gestaltungsfaktoren kennzeichnen die *kommunikative* Dimension. Die Hochschultätigkeit ist wegen der dezentralen Hochschulstruktur im Bereich von Forschung und Lehre auf eine hohe gegenseitige Information angewiesen.

Die vierte – *wertmäßige* – Dimension ist in der Hochschule wegen der fehlenden Marktpreise für ihre Leistungen nur begrenzt ausbaufähig. Aus betriebswirtschaftlicher Sicht wird eine Zweiteilung des Rechnungswesens gefordert, und zwar eine nach außen hin orientierte Rechnungslegung und eine als internes Kontroll- und Steuerungsinstrument dienende innerbetriebliche Kosten- und Leistungsrechnung.

Das Referat schließt ab mit einer kurzen Erörterung der Probleme einer *zentralen Hochschulleitung*. Sie hat die besondere Aufgabe, die Hochschule aus einer ganzheitlichen Betrachtungsweise zu gestalten und zu führen. Ihre wichtigsten Aufgaben sind neben der Zielbestimmung die Koordination der zahlreichen Teileinrichtungen und Fachbereiche. Die zentrale Hochschulleitung kann in Form der Präsidialverfassung oder der Kollegialverfassung organisiert sein. Für Großunternehmungen empfiehlt sich die kollegiale Hochschulleitung, die ihre Aufgaben nach Ressorts gliedert.

Anhand von praktischen Beispielen sollte deutlich werden, zu welchen Ergebnissen die betriebswirtschaftliche Analyse und die Übertragung betriebswirtschaftlichen Wissens und des einschlägigen Wissens anderer Disziplinen im einzelnen führen. Die sich hieraus ableitenden Lösungen sind denkbare Wege, die gegangen werden können. Dabei ist vorauszusetzen, daß *gesetzliche Regelungen* dem *nicht* entgegenstehen. Das ist natürlich bei der körperschaftlichen und beamtenrechtlichen Konstruktion der Hochschule leichter gesagt als getan. Die wichtigere *Frage* aber für die *Wirtschafts- und Sozialwissenschaften*, speziell die Betriebswirtschaftslehre, ist, ob sie mit ihren wissenschaftlichen Arbeiten auch für die Universitäten zu Ergebnissen kommen können, die auf lange Sicht zu einer besseren Verwendung der knappen Mittel für Wissenschaft und Forschung führen. Meine Ausführungen sollten zeigen, daß hierauf mit *Ja* zu antworten ist.

Literatur

1 Otto Schlecht, Strukturpolitik in der Marktwirtschaft, Köln–Berlin–Bonn–München, 2. Auflage 1968, S. 12

2 Vgl. auch: Heinz Bolsenkötter, Brauchen wir eine Betriebswirtschaftslehre der Hochschule?, in: Zeitschrift für betriebswirtschaftliche Forschung 1968, S. 214ff.; Julio H. G. Olivera, Die Universität als Produktionseinheit, in: Weltwirtschaftliches Archiv, Bd. 98, 1967, S. 50; Hans-Jürgen Vosgerau, Über Kosten und Erträge von Ausbildungsinvestitionen, in: Kyklos 1965, S. 434ff.

3 Günter Wöhe, Betriebswirtschaftslehre, Entwicklungstendenzen der Gegenwart, in: Handwörterbuch der Betriebswirtschaft 1974, S. 727

4 Hans Ulrich, Die Unternehmung als produktives soziales System, Bern–Stuttgart 1970, 2. Auflage, S. 111

5 Edmund Heinen, Einführung in die Betriebswirtschaftslehre, Wiesbaden 1968, S. 117

6 Hans Ulrich, aaO, S. 194

7 Aus: Erhard Mundhenke; Harry M. Sneed; Uwe Zöllner, Informationssysteme für Hochschulverwaltung und -politik, Theorie und Praxis politisch-administrativer Informationssysteme, Berlin–New York 1975, S. 67

8 Hans Ulrich, aaO, S. 247

9 § 7 der für den Geschäftsbereich der BMJ geltenden vorläufigen Verwaltungsvorschriften zur Bundeshaushaltsordnung sowie zum Haushaltsgrundsätzegesetz, GMBl. 1973, S. 302

10 WIBERA-Projektgruppe: Kostenrechnung in Hochschulen, Ratingen 1972; vgl. auch: Adolf Angermann, Uwe Blechschmidt, Hochschulkostenrechnung, Weinheim–Basel 1972; Horst Albach, Kosten- und Ertragsanalyse der beruflichen Bildung, in: Rheinisch-Westfälische Akademie der Wissenschaften, Vorträge N 237, Opladen 1974, S. 29ff.; Erich Potthoff, Betriebsabrechnung als Planungs- und Rationalisierungsinstrument bei Bildungsinvestitionen, in: Erich Potthoff, Otto Büttner, Fridolin Hallauer, Bau- und Betriebskosten von Hochschulen, Heft 105 der Arbeitsgemeinschaft für Rationalisierung des Landes Nordrhein-Westfalen, Dortmund 1968; Heinz Bolsenkötter, Unternehmensrechnungen in Hochschulen, in: Die Wirtschaftsprüfung, 1971, S. 301; Jörg Wedekind, Kostenermittlung und Kostenauswertung im Hochschulbereich, Forschungsberichte des Landes Nordrhein-Westfalen Nr. 2202, Opladen 1971; Erich Loitlsberger, Dieter Rückle und Gerhard Knolmayer, Hochschulplanungsrechnung, Aktivitätenplanung und Kostenrechnung an Hochschulen, Wien 1973

11 WIBERA-Projektgruppe, aaO, S. 130

12 Erich Potthoff, Die Einheit der Unternehmensführung bei dezentralen Verantwortungsbereichen. Vortrag in der Rheinisch-Westfälischen Akademie der Wissenschaften in Düsseldorf am 7. April 1971 (N 213, Opladen 1971)

[13] Eberhard Laux, Regierungspläne und Verwaltungsorganisation, in: Regierungsprogramme und Regierungspläne, Band 51 der Schriftenreihe der Hochschule für Verwaltungswissenschaften, Speyer–Berlin 1973, S. 129ff.

[14] Heinz-Jürgen Werth, Vorstand und Aufsichtsrat in der Aktiengesellschaft, Düsseldorf 1960, S. 39

Diskussion

Herr Zerna: Ich habe Ihre Ausführungen so verstanden, daß Sie eigentlich die Hochschule betrachtet haben, wie sie heute mehr oder weniger ist, wenn auch natürlich mit einigen Ausblicken darauf, was man ändern könnte. Wenn man sich davon einmal freimachen würde und sozusagen betriebswirtschaftlich ganz konsequent denken würde, wäre es dann möglich oder wahrscheinlich, daß eine Hochschulorganisation herauskommen würde, die anders aussieht als die heutige? Ich meine betriebswirtschaftlich und damit auch mit den finanziellen Problemen betrachtet.

Herr Potthoff: Wenn ich jetzt ja sage, dann ist das zu einfach. Ich meine, dargestellt zu haben, daß die betriebswirtschaftlichen Aspekte vielfältiger Art sind, daß es aber, wenn man auch nicht alle, sondern eine Reihe dieser Aspekte zu realisieren versucht, zu einer effizienteren Hochschule käme. Ich habe das an einigen Beispielen darzustellen versucht und meine, daß sich damit schon eine andere Hochschulorganisation entwickeln würde.

Herr Männel: 1. Als Sie den materiellen Aspekt des Ihrem Vortrag zugrunde liegenden systemtheoretischen Ansatzes herausstellten, gingen Sie ausführlich auch auf das für eine Betriebswirtschaftslehre der Hochschulen außerordentlich bedeutsame Problem der Leistungsmessung ein. In diesem Zusammenhang äußerten Sie die Auffassung, daß man die Leistung (den Output) einer Hochschule eigentlich an der Zahl und der Art der durchgeführten Lehrveranstaltungen messen müsse. Doch fühlten Sie sich veranlaßt hinzuzufügen, daß ein Arbeiten mit diesem Sachziel (in der Terminologie Kosiols) nicht operabel sei und daß man deshalb indirekte Meßgrößen für die Leistungsmessung im Hochschulbereich heranziehen müsse.

Nach meiner Auffassung kann das Abhalten von Lehrveranstaltungen letztlich nicht das oberste Sachziel einer Universität oder einer anderen Hochschule sein. Denn jede Hochschule ist ein Dienstleistungsbetrieb, und bei Dienstleistungsbetrieben muß man zwischen der Betriebsleistung und der Marktleistung unterscheiden. Geht man von dieser Differenzierung aus, so ist die Durchführung von Vorlesungen, Seminaren, Übungen und anderen Lehrveranstaltungen als das Erbringen bestimmter Betriebsleistungen anzusehen. Demgegenüber ist die Marktleistung als oberstes Sachziel der „Leistungssparte" Lehre in dem Lernerfolg zu erblicken, der bei den Studenten erreicht wird.

Es ergeben sich hier auch Analogien zu anderen Dienstleistungsbetrieben, so etwa zu Transportbetrieben, von denen ich hier nur kurz Güterkraftverkehrsbetriebe ansprechen möchte. Bei Unternehmen dieser Art wäre es ebenfalls verfehlt, den Output in der Zahl der durchgeführten Fahrten oder in der Zahl der von einem Lastkraftwagen zurückgelegten Kilometer (als Betriebsleistung) zu messen. Sinnvoller erscheint es, und dies vor allem für externe Betriebsvergleiche, die Art und die Zahl der effektiv bewältigten Ortsveränderungen festzuhalten, also beispielsweise – wenn man einen einfachen Weg gehen will – die Tonnen-Kilometer, um dann diese Meßziffer als Indikator für die Leistungsbeurteilung zu verwenden.

2. Als Sie von indirekten Meßgrößen für die Erfassung der Leistungen einer Hochschule sprachen, erwähnten Sie für die „Leistungssparte" Forschung unter anderem auch die Kosten eines Forschungsprojektes und stellten diese ebenfalls als einen Indikator für die Leistungsmessung heraus. Auch in bezug auf diesen Aspekt ergeben sich Analogien zu anderen Dienstleistungsbetrieben, die angesichts der großen Schwierigkeiten einer direkten Leistungsmessung Input-Größen als Meßindikatoren für Output-Größen heranziehen. Ein solches Vorgehen erscheint mir jedoch äußerst problematisch und gefährlich. Denn es beinhaltet die Möglichkeit, daß man über den Ausweis höherer Kosten zugleich höhere Leistungen nachweisen kann, was ja keineswegs der Fall sein muß.

3. Ich finde es sehr interessant, und ich stimme Ihnen zu, wenn Sie auch für Hochschulen eine Differenzierung zwischen interner und externer Rechnungslegung vorschlagen. Gleichzeitig teile ich Ihre Auffassung, daß eine zu der bisher allein anzutreffenden externen Rechnungslegung hinzukommende interne Rechnungslegung praktisch wegen der Schwierigkeiten der Leistungsmessung auf einen Ausweis der Kosten beschränkt bleiben muß. Ein solcher Aufbau einer Kostenrechnung des „Hochschulbetriebes" birgt jedoch, wenn man tatsächlich über das bisherige Budgetdenken hinauskommen will, auch Gefahren in sich, nämlich dann, wenn man bei der Ausgestaltung der internen Rechnungslegung den Versuch unternehmen würde, den traditionellen Prinzipien der Vollkostenrech-

nung gemäß, beispielsweise die Kosten der allgemeinen Hochschulverwaltung zunächst weiter auf einzelne Fachbereiche bzw. Abteilungen und dann in einem darauf folgenden Schritt eventuell sogar noch weiter auf einzelne Lehrstühle zu verteilen. Das liefe auf eine Aufschlüsselung echter Gemeinkosten hinaus, die ja – wie moderne Erkenntnisse auf dem Gebiet der Kostentheorie und der Kostenrechnung gezeigt haben – stets willkürlich bleiben muß. Zum Beispiel würde ein derartiger Abrechnungsmechanismus bewirken, daß ein einzelner Lehrstuhl mit Kosten belastet wird, für deren Höhe der betreffende Lehrstuhlinhaber überhaupt nicht verantwortlich ist, über die er gar nicht disponiert, ja, oft nicht einmal mitbestimmen kann. Die eben nur kurz angedeuteten Überlegungen bringen mich daher zu der Auffassung, daß die zusätzliche Einführung einer internen Rechnungslegung nur dann sinnvoll sein kann und weitere nur dann für die Hochschule verwertbare Informationen bringt, wenn man bei der Einführung einer solchen Kostenrechnung im Hochschulbereich sich an den Grundsätzen (speziell an den Zurechnungsprinzipien) der modernen Teilkostenrechnungssysteme orientiert.

4. Sie haben sich bei Ihrem Vortrag auf eine ganz bestimmte Konzeption der Betriebswirtschaftslehre gestützt, nämlich auf den Ansatz von Ulrich. Meines Erachtens zeigte Ihr Vortrag deutlich, daß die vier Komponenten dieses Ansatzes sehr eng miteinander verflochten sind. Deshalb – aber nicht nur aus diesem Grund – kann man die Konzeption von Ulrich auch in Frage stellen. Man muß daher – so meine ich, und ich glaube, daß Sie mir in dieser Auffassung zustimmen – noch einen Schritt weitergehen und untersuchen, ob es eventuell sinnvoller ist, eine Betriebswirtschaftslehre der Hochschulen auf der Basis anderer Grundkonzeptionen zu entwickeln, wie etwa unter Zugrundelegung der entscheidungsorientierten Betriebswirtschaftslehre oder etwa auch der arbeitsorientierten Einzelwirtschaftslehre.

Herr Potthoff: Ich darf mich kurz fassen, denn die Beantwortung aller Punkte würde einen zweiten Vortrag ausmachen.

Wenn ich Ihre letzte Bemerkung so interpretieren darf, daß ich zu weiteren Forschungen über die Hochschule angeregt habe, bin ich sehr zufrieden; denn mein Vortrag ist besonders darauf abgestellt, die Problematik bewußt zu machen und anzuregen, daß sich die angesprochenen Disziplinen mehr um die Hochschule kümmern, als sie es bisher getan haben.

Was die Kostenrechnung angeht, so haben Sie mit Recht die fachlich strittigen Probleme der Zuteilung angesprochen, die selbstverständlich gerade bei der Kostenrechnung der Hochschule besonders schwierig sind. Nur darf ich eines sagen – das gilt u. a. auch für den gesamten Ansatz –: Es steht fest, daß die Hochschule kein im Markt stehendes Unternehmen ist. Ihre Tätigkeit ist nicht einfach mit Kosten und Preisen zu messen. Das fehlt ja eben. Alles, was nun versucht wird, sind näherungsweise Schritte, um den fehlenden – im Markt sich bildenden – Preis, der ein einfacher Indikator ist, zu ersetzen. Das bitte ich immer zu berücksichtigen. Es sind nur Näherungswerte, Behelfswerte, mittels derer versucht wird, zu einer besseren Messung zu kommen; denn es wird ja heute laufend gemessen, aber teilweise nur informell und nicht systematisch. Jeder Entscheidung, die getroffen wird, liegen irgendwelche Meßgrößen zugrunde, die aber meist sehr individueller Art sind.

Mit der vorgeschlagenen Kostenrechnung stehen wir zweifellos vor zahlreichen Problemen, die ich Ihnen noch nicht abschließend darlegen kann. Wir sind erst dabei, die Kostenrechnung der Hochschule zu entwickeln, und da gibt es mehrere Ansatzmöglichkeiten.

Ein weiterer Punkt bezieht sich auf die Problematik des Input und Output bei Forschungen. Ich habe gesagt, daß das Messen der Forschungsleistung sehr schwierig ist, aber auch hier geht es darum, Hilfskonstruktionen zu finden. Eine dieser Hilfskonstruktionen, so meine ich, wären auch die aufzuwendenden Kosten, wie ja alle Indikatoren, die ich genannt habe, nicht isoliert gesehen werden dürfen. Jede Meßgröße für sich steckt natürlich voller Probleme. Wir müssen aber, wenn wir uns auf eine Reihe von Meßgrößen geeinigt haben, das ganze Bündel sehen, und das müssen wir wiederum gewichten. Das ist ein Prozeß, der selbstverständlich weiter entwickelt werden muß. Es kann natürlich nicht gesagt werden – das war auch nicht der Sinn meiner Ausführungen –, daß die einzelne Meßgröße bereits den absoluten Maßstab darstellt. So sind selbstverständlich Kosten nicht allein ein Maßstab für die Forschung. Wenn ich aber zu wählen habe – und vor dem Problem, so meine ich, stehen wir –, welches Projekt ich bei knappen Mitteln vorziehe oder welche Prioritäten ich setze, bin ich doch genötigt, mit irgendwelchen Maßstäben an die Entscheidung heranzugehen. Dann sollte neben anderen Maßstäben, die ich genannt habe, so meine ich, auch die Frage der Kosten nicht außer Betracht gelassen werden.

Zum Thema Output in der Lehre haben Sie mit Recht darauf hingewiesen, daß die Lehrveranstaltung auch durch einen anderen Maßstab ersetzt werden kann. Das könnte praktisch der Student, also die Ausbildung selbst, sein. Wir sind bei unseren Überlegungen insbesondere von der leichteren Meßbarkeit auch im Hinblick auf die später zu entwickelnde Kostenrechnung ausgegangen. Ich will aber ohne weiteres eingestehen, daß man sich darüber weiter Gedanken machen kann.

Ich möchte aber auf eine Erfahrung aus der Betriebswirtschaftslehre, insbesondere dem Rechnungswesen, eingehen. Auch hier gibt es keine absoluten Entscheidungen. Der Maßstab hängt vom Rechnungszweck ab. Was soll ermittelt werden? Davon muß ich dann abhängig machen, welchen Maßstab ich nehme.

Herr Böckenförde: Mit dem systemtheoretischen Ansatz, den Sie gewählt haben, um eine Einrichtung wie die Universität betriebswirtschaftlich kalkulierbar und berechenbar zu machen, möchte ich mich durchaus einverstanden erklären.

Ich habe aber gegenüber der von Ihnen unternommenen Operationalisierung dieses Ansatzes in einem Punkt ein erhebliches Bedenken. Sie haben nämlich bei der Bestimmung der Leistungseinheit, die Sie als Basisgröße für die Ermittlung des Outputs der Hochschule anwenden, auch um die Effektivität und den sinnvollen Einsatz der Mittel zu messen, auf die *Lehrveranstaltung* zurückgegriffen, wenngleich nicht global, sondern differenziert nach der Art der Lehrveranstaltung. Gerade hier liegt indessen das Problem. Wird in dieser Weise die Basiseinheit der Lehrveranstaltung als das maßgebliche, für Quantifizierungen grundlegende Kriterium genommen, so ist damit die *Ausbildungs*hochschule als maßgeblicher Typus und faktische Norm der Hochschule gesetzt. Sie haben selbst erwähnt – und ich würde Ihnen da nicht widersprechen wollen –, daß es schwierig sei, die Forschung, die in einer Hochschule geschieht, quantifizierbar zu messen. Wir dürfen darauf aber nicht verzichten, denn sonst reduzieren wir schon, indem wir dieses Verfahren anwenden, die gesamte Hochschule auf den Aspekt, der in diesem Verfahren zur Aussage gebracht werden kann, das heißt denjenigen der Ausbildungseinrichtungen.

Aus dem gleichen Grunde habe ich Bedenken, die Zahl der Studenten, die zur Prüfung bzw. zum Abschlußexamen gebracht worden sind, als Kriterium anzunehmen. Es könnte vielleicht weiterführen, wenn man alle Qualifikationsprüfungen nimmt, die an der Hochschule abgelegt werden, insbesondere auch Dissertationen und Habilitationen. Es stellt sich aber die weitere Frage: Wie ist es mit den großen wissenschaftlichen Veröffentlichungen? Ein Beispiel aus meinem Fach ist das „Lehrbuch des Verwaltungsrechts" meines verstorbenen Kollegen Forsthoff, das in 24 Jahren zehn Auflagen erlebt hat und die Rechtsprechung unserer Verwaltungsgerichte ebenso wie die Verwaltungspraxis maßgeblich bestimmt und geformt hat. Da ist aus Ihrem Bereich Gutenbergs „Betriebswirtschaftslehre“, die sicher das Denken ganzer Generationen junger Betriebswirte beeinflußt hat. Ist das Entstehen und die Fortführung solcher wissenschaftlicher Werke nicht auch eine der vorgegebenen Systemaufgaben der Hochschulen, von denen Sie gesprochen haben?

Wenn man schon quantifiziert, müssen auch solche Leistungen an den Hochschulen meßbar werden. Das gilt auch für die oft stundenlangen Gespräche, die mit einem Doktoranden oder mit einem Habilitanden über die Art geführt werden, wie er seine Arbeit anlegt und richtig eingrenzt, damit er sich nicht wegen einer zu weiten Fragestellung vorzeitig erschöpft und nicht zu Ende kommt. Es würde ebenfalls die Herausgabe großer Handwörterbücher betreffen, ja, eigentlich alles, was im Rahmen der Universität an wissenschaftlicher, auf Forschung gerichteter und Forschung vermittelnder Arbeit außerhalb der Lehre geschieht. Und wir dürfen uns nicht damit begnügen, daß wir nur die *Schwierigkeit*, diesen Bereich quantifizier- und meßbar zu machen, feststellen, wir müssen, glaube ich, zunächst so lange weiterarbeiten, bis wir auch dafür einen brauchbaren Indikator haben. Andernfalls müssen wir sagen: Wir können überhaupt nur diesen Teil, den Ausbildungsteil der Hochschule, berechenbar machen, die gesamte Hochschule indessen nicht. Das hätte aber wahrscheinlich die fatale Konsequenz, daß gerade dieser Teil – so oft man das auch sagen würde – doch für das Ganze genommen wird.

Deshalb meine Frage: Wie könnte man diesen Forschungsteil der Hochschule, der dem Systemziel durchaus entspricht – in den Gesetzen ist die Forschung als Aufgabe der Hochschulen ja vielfach ausdrücklich festgelegt –, quantifizierbar machen? Nur wenn dies gelingt und nicht praktisch eine auf Ausbildung reduzierte Hochschule als Bezugspunkt genommen wird, lassen sich auch Effektivität und Rationalität der Hochschule voranbringen. Das gilt auch für den sinnvollen – ökonomisch sinnvollen – Einsatz der Mittel.

Herr Potthoff: Ich kann darauf sehr kurz antworten, weil ich uneingeschränkt Ihrer Meinung bin.

Es ergibt sich natürlich aus der Sache – und das ist vielleicht in meinem Vortrag zu sehr durchgeklungen –, daß die Meßbarkeit der Lehre leichter ist als die Meßbarkeit der Forschung. Nichtsdestoweniger müssen gleichwertige Maßstäbe für die Forschung entwickelt werden. Ich habe einige genannt, und Sie haben sie teilweise wiederholt. Es fehlt aber die einheitliche Meßgröße, die auch schwierig zu finden sein wird. Wir sollten uns aber sehr darum bemühen. Dabei darf ich Sie darin voll unterstützen, daß man nicht wegen der größeren Praktikabilität bei der Bewertung der Lehre zu Fehlschlüssen kommt. Ich glaube, damit ist wohl die Frage beantwortet.

Herr Krelle: Ich möchte kurz darauf hinweisen, daß in den Wirtschaftswissenschaften die Quantifizierung des wissenschaftlichen Outputs bereits versucht wird.

Es erschien vor kurzem ein Artikel aus dem Bereich der Universität Konstanz über den Output einer Anzahl von Wirtschaftswissenschaftlern. Er wurde mehrdimensional gemessen. Einmal wurde die Seitenzahl der Publikationen in Büchern und wissenschaftlichen Zeitschriften gezählt, zum zweiten die Zahl der Zitierungen des betreffenden Autors. Beides wurde einmal absolut angegeben, dann auf eine gewisse Periode und auf die Jahre der wissenschaftlichen Tätigkeit des Autors bezogen; wenn jemand schon lange wissenschaftlich tätig ist, wird er ja wahrscheinlich öfter zitiert werden als derjenige, der gerade angefangen hat.

Ich fand das eigentlich ganz aufschlußreich, und ich meine, daß man bei der Forschung generell so vorgehen könnte. Übrigens könnte man ja auch an Befragungen von Kollegen mit Skalierungen der Antworten denken, wobei auch Kollegen im Ausland einzubeziehen wären.

Herr Helmstädter: Würde die betriebswirtschaftliche Organisation der Hochschule zu einer Verminderung des Personalbestandes oder zu einer Vermehrung führen? Läßt sich das unter Berücksichtigung der vorgetragenen betriebswirtschaftlichen Grundsätze abschätzen? Zweitens: Gibt es im Ausland, wo ja private Universitäten zu finden sind, wegen des privaten Charakters dieser Universitäten eine bessere Berücksichtigung betriebswirtschaftlicher Gesichtspunkte?

Herr Potthoff: Eine vernünftige betriebswirtschaftliche Ordnung der Hochschule braucht in keinem Fall zu einer Personalvermehrung zu führen. Ich bin sogar davon überzeugt, daß Einsparungen möglich sind, wobei ich bewußt vorsichtig bin. Ich sage das deshalb, weil bei allen Reformen – das wissen Sie – auch viele Dinge verbessert werden, die mehr Personal erfordern, so daß man Ihre Frage nie zeitpunktorientiert beantworten könnte. Ich müßte sie z. B. auf zehn Jahre bezogen beantworten, und hier kann ich nur in allgemeiner Form von Erfahrungen sprechen, wie sie mir aus meiner Beratungspraxis gegenwärtig sind. Zu Ihrer zweiten Frage sei gesagt, daß aufgrund von Auslandsbesuchen und aufgrund zahlreicher Literatur über ausländische Hochschulen der Eindruck besteht, daß es beispielsweise in Amerika eine Reihe von Hochschulen gibt, die in stärkerem Maße als es bei uns der Fall ist, nach solchen betriebswirtschaftlichen Kriterien geführt, und wo auch solche Maßstäbe, wie sie gerade Herr Krelle genannt hat, praktiziert werden.

Herr von Medem: Sie haben bei der Frage der Indikatoren für die Meßbarkeit der Qualität der Forschung eine Systematisierung informeller Maßstäbe angeregt. Mir ist nun nicht ganz deutlich geworden, in welcher Richtung und vor allen Dingen von welchem Standort her Sie an solche Systematisierungsmöglichkeiten denken.

Soll sich diese informelle Methode mehr im Selbstverwaltungsbereich der Universität ansiedeln, oder haben Sie die Vorstellung, daß sie sich mehr im Bereich des Staates, der Ministerien plazieren sollte? Denkbar wäre natürlich auch, wenn ich zum Beispiel auf die Praxis der Deutschen Forschungsgemeinschaft hinweisen darf, die Systematisierung solcher informeller Maßstäbe mit Hilfe einer neutralen Stelle, die von Staat und Wissenschaft gemeinsam getragen wird.

Herr Potthoff: Ich habe diese Frage in meinen Ausführungen nicht besonders angesprochen. Mir kam es zunächst darauf an, deutlich zu machen, daß wir informell verschiedene Maßstäbe verwenden. Die eben zitierte Zahl der Veröffentlichungen ist vielfach eine solche Hilfsgröße, wenn wir jemanden beurteilen. Dabei denkt man u. U. an Zitierungen, die man in Erinnerung hat, die die Meinungsbildung beeinflussen. Das wollte ich zunächst einmal besonders herausstellen.

Deshalb bin ich auch der Meinung von Herrn Krelle, daß es gar nicht lächerlich ist, die Häufigkeit der Zitierungen zusammenzutragen, wie es die Amerikaner in ihrem Citation Index tun, der natürlich für sich betrachtet voller Probleme ist, der aber im Zusammenhang mit anderen Indikatoren, glaube ich, benutzt werden könnte.

Nun zu der Frage, wo die Wertung anzusiedeln ist. Dazu erlauben Sie mir eine einfache Antwort. Wenn man eine Systematisierung erreicht hat und vervollständigt – es ist ja ein Prozeß –, dann sollten alle diejenigen einen solchen Katalog benutzen, die Entscheidungen zu treffen haben. Wenn sich also die Berufungskommission in der Hochschule darüber Gedanken machen muß, wer von drei Physikern oder Chemikern wissenschaftlich besser ist, sollte sie den Katalog der Indikatoren daraufhin anwenden und nicht nur von den informell vorhandenen Maßstäben ausgehen. Wenn das Kultusministerium Entscheidungen zu treffen hat, dann sollte es sich ebenso darum kümmern.

Das sind meine ersten Überlegungen zu der Frage, die ich bisher noch nicht eingehender prüfen konnte.

Herr Hirzebruch: Sie sprachen von der optimalen Betriebsgröße. Wie beurteilen Sie in dieser Hinsicht die Gesamthochschulen?

Herr Potthoff: Schwierig. Ich kann Ihnen nur als Betriebswirt sagen, daß es keine absolute optimale Größe gibt. Sie hängt immer von den verschiedenen Einflußgrößen ab. Es gibt eine Größenordnung – und das erleben wir auch in der Wirtschaft –, bei der eine Institution z. B. nicht mehr genügend durchschaubar ist. Bei der Gesamthochschule spielen viele Gründe mit hinein, die hier nicht erörtert werden können. Zweifellos wird bei der Gesamthochschule das Problem der optimalen Größe – so würde ich einmal sagen – wichtiger als bei der nur wissenschaftlichen Hochschule, weil neue Einflußgrößen zu berücksichtigen sind. Mehr als diese allgemeinen Hinweise kann ich nicht geben, sonst müßte man sehr in die Einzelheiten einsteigen.

Herr G. O. Schenck: Mir erscheint Ihr Vorschlag deshalb außerordentlich attraktiv, weil man zunächst, ohne in komplexe Bewertungsdinge zu gehen, die Ermittlung der Selbstkosten an die Spitze stellen kann. Ich bin der Meinung, daß man ebenso an der Hochschule wie an anderen Forschungsinstituten zu einem Kostenbewußtsein des Denkens der einzelnen Forscher, also aller derjenigen, die für einzelne Ausgabenveranlassungen zuständig sind, kommen muß. Das fehlt außerordentlich stark. Von dort muß das ansetzen.

Man kann natürlich in der Bewertung von Forschungsprojekten nicht sagen, daß ein Physiker – nehmen wir einmal an – gleich 10^3 Mediziner und 10^2 Chemiker ist, je nachdem wie man das ausrechnet, was ein Physiker verbraucht, wobei deshalb also sein Output höher ist. Es ist so, daß eben für die einzelnen Fächer unterschiedlich viel gebraucht wird; man kann das also nicht so festlegen.

Man wird aber dann überlegen müssen, was man gegebenenfalls weglassen kann, wenn das Geld knapp wird, wenn jeder einzelne weiß, was er wirklich an Geld verbraucht. Die einzelnen Herren sind, wenn man ihnen sagen kann, was sie ausgeben können, wenn sie darüber also Bescheid wissen, sehr viel schneller kooperationsbereit. Es würde auch sicher interessant sein, wenn die Herren wüßten, falls sie eine Veranstaltung in einem Hörsaal haben, welche Durchschnittsmiete sich aus den Investitionskosten der Gebäude ergeben würde. Es würde mich einmal interessieren, was eine Hörsaalstunde in Bochum kostet, wenn man dabei die Baukosten berücksichtigt. Auch das muß einmal betriebswirtschaftlich echt erfaßt werden, denn nur dann kann man wirklich an diese Dinge herankommen.

Deshalb bin ich der Meinung, daß man nur einmal im Internen gewissermaßen ein quasi-unternehmerisches Denken pflegen sollte, wobei man dann eine gewisse Relation bekommt: Wieviel gibt man eigentlich an Geld des Steuerzahlers aus? Aufgrund dessen käme dann automatisch die soziale Motivation, die den Studenten zwar von außen her zunächst eingeredet wird, die sie aber nicht richtig anbinden können. Sie wissen nicht, wie sie ihre eigenen Forschungsprojekte auswählen sollen. Wenn sie aber wissen, daß es diese oder jene Möglichkeit der Forschung in dieser oder jener Richtung gibt, dann wäre das sehr wichtig. So könnte sich beispielsweise eine Nachbarschaft zur Medizin ergeben, also wählt er dieses Thema statt des anderen, das ihn vielleicht genauso interessieren würde, aber eben für niemanden anders interessant ist als für ihn. Man käme damit auch schon in die Bewertung von Prioritäten hinein. Deshalb würde das auch sehr nützlich sein.

Nun ist aber eine sehr wichtige Problematik die Kontrolle von oben durch eine wirksame innere Revision. Die heutige innere Kontrolle, die wir durch den Rechnungshof haben, ist dafür eigentlich noch nicht qualifiziert, und zwar deshalb nicht, weil sie der Stelle, die die Führung hat, nicht die Rechenschaft gibt, sondern sie gibt an anderer Stelle ihr Urteil ab. Eine interne Revision, die echt als ein Rückmeldeinstrument funktioniert, könnte als Rationalisierungsinstrument sehr wirksam sein.

Ich bin davon überzeugt, daß die Herren vom Landesrechnungshof kooperativ wären, wenn sie nur dazu gefragt würden, denn man hat immer sehr freundliche Meinungen von solcher Seite gehört.

Ein anderer Punkt, den ich in diesem Zusammenhang erwähnen möchte, der mir gerade in der heutigen Zeit besonders bedenklich zu sein scheint, das heißt mit einer bedenklichen Entwicklung, ist der: Die Motivation ist bei Ihnen gar nicht erwähnt worden. Es ist aber so, daß sowohl für die Universitätsbediensteten wie auch für die Studenten die Motivation doch eine ganz wichtige Sache ist. Es kommt ganz auf die Organisation an, die der Staat anlegt, daß heißt, ob man einen Betrieb mit Leistungserwartungen hat, ohne die kein Unternehmen funktionieren kann, oder ob man einen staatlichen Betrieb mit Fehlleistungserwartungen und gegenseitiger Kontrolle hat, die so weit geht, daß jeder jedem mißtraut. Indem man überhaupt kein Vertrauen investiert, hat man letztlich keine Leistung, keine Arbeitslust, keine Freude an der Arbeit, und es kann keine Fröhlichkeit mehr zustande kommen. Das sind Dinge, die man auch berücksichtigen muß.

Das hat zum Beispiel dazu geführt, daß man bei der Auswahl von Stühlen gegebenenfalls möglichst spartanische empfiehlt, weil man meint, dies sei im Sinne des sparsamen Wirtschaftens, wobei man natürlich nicht überprüft hat, wie weit das bequeme Sitzen unter Umständen doch für die Freiheit des Geistes ganz wesentlich sein kann.

Ich darf vielleicht noch auf einen letzten Punkt eingehen. Das sind die Ansätze der Forschungsprobleme überhaupt. Ich bin bei einem Vortragszyklus darauf gestoßen, den ich in verschiedenen Ländern gehalten habe. Ich hatte eine Reihe von Vorträgen zu halten mit oder ohne den Untertitel – „Die Ökonomie des Denkens im Sinne von Mach", „Denkökonomie in der Chemie" oder „Wie sicher müssen wir sein, bevor wir eine Theorie akzeptieren?". Das waren die Untertitel zu meinen chemischen Vorträgen, zu denen ich eingeladen war. Es stellte sich die Frage: Was wählen die Leute, und zwar bei der Industrie, bei Universitäten usw.? Dabei stellte sich heraus, daß nur von den Industrie-Laboratorien diese philosophischen Untertitel gewählt wurden, nicht aber von nur einer Universität. Ich habe bei der Industrie immer angefragt: Warum habt ihr diesen Titel gewählt? Ich erhielt die Antwort: Weil wir für falsche Theorien Geld verlieren.

Für uns ist es natürlich eine ganz wichtige Sache, daß wir heuristisch optimal vorgehen können. Das können wir aber jeweils nur mit der besseren Theorie. Haben wir also Kriterien für die Bewertung von Theorien, dann kommen wir weiter. An der Universität spielt dies gar keine Rolle, weil der eine mit der ersten Theorie den Doktor macht, während sich der andere habilitiert, indem er das widerlegt. Der nächste wird dann Professor, und so geht das weiter.

Hier wären also die Förderung der Freude an der Wissenschaftstheorie und -kritik im Sinne der Ökonomie der Forschung und auch der Hochschule doch sehr wünschenswert. Ich bin mir darüber klar, daß das zuletzt angeschnittene Problem wohl außerhalb der betriebswirtschaftlichen Erfassung liegt, hätte Sie aber gern zu meinen ersten Fragen um Ihre Meinung gefragt.

Herr Potthoff: Ich darf einige Punkte herausgreifen. In meinem Katalog der Stabsstellen habe ich vergessen, die interne Revision zu nennen. Das ist ganz wesentlich. Zu einem geordneten internen Rechnungswesen gehört auch die interne Revision. Die Abstimmung mit dem

Rechnungshof macht keine Schwierigkeiten. Das kennen wir aus anderen Zusammenhängen.

Sie haben ein Wort gebraucht, das ich besonders gern gehört habe, weil ich es absichtlich vermied. Selbstverständlich bin ich der Meinung, daß alles das, was ich vorgetragen habe, besonders den Zweck erfüllen soll, das Kostenbewußtsein zu fördern. Ich bin auch Ihrer Meinung in bezug auf die Bereiche der Dienstleistung. Ich habe manche Erfahrung auf dem Sektor Krankenhäuser und Theater und weiß, wie nützlich Kostenbewußtsein auch bei nicht erwerbswirtschaftlich orientierten Aufwendungen und Ausgaben sein kann; im Grunde geht es darum, manches Unbedachte zu verhindern. Dazu kann das Kostenbewußtsein sehr behilflich sein.

Herr Männel: Gestatten Sie mir abschließend noch zwei kurze Bemerkungen zu den Problemkreisen, die im Anschluß an Ihren Vortrag vornehmlich diskutiert wurden.

1. Die bisher geführte Diskussion hat meines Erachtens sehr deutlich gezeigt, daß der Versuch, den Output einer Hochschule mit einem einzigen Maßstab messen zu wollen, nicht zum Erfolg führen kann. Es ist daher für mich auch verständlich, daß man sich bemüht, indirekte Meßgrößen zu finden, welche dann vielleicht doch geeignet sind, die stets heterogenen Leistungen einer Hochschule auf einen gemeinsamen Nenner zu bringen. Dieser Weg birgt jedoch Gefahren in sich, die man nicht übersehen darf: Er verleitet nämlich – wie man das beispielsweise auch aus einigen Bemerkungen von Herrn Kollegen Krelle schließen konnte – dazu, daß man die zunächst angewandten unterschiedlichen Leistungsmaßstäbe letztlich mit Hilfe von Gewichtungsfaktoren wieder zu einem eindimensionalen Maßstab für die Messung des Outputs einer Hochschule zusammenfaßt. Auf diese Weise erreicht man aber nur eine scheinbare Objektivität, weil sowohl die Festlegung von Gewichtungsfaktoren für unterschiedliche Leistungsmaßstäbe als auch die Festlegung der Wertskalen für diese verschiedenen Meßgrößen immer nur subjektiv vorgenommen werden können. Ich meine daher, daß dieser Weg nicht zu dem angestrebten Erfolg führen kann und bin überzeugt, daß es notwendig und auch sinnvoller ist, für die Beurteilung der Leistung von Hochschulen stets mehrere Meßgrößen nebeneinander heranzuziehen, auch wenn dies – im Vergleich zum Operieren mit einer Meßgröße – einen höheren Interpretationsaufwand erfordert. Nur auf diese Weise kann man der Tatsache gerecht werden, daß die Hochschule kein „Einproduktbetrieb", sondern ein „Mehrproduktbetrieb" ist. Dabei denke

ich nicht nur an das Nebeneinander von Forschung und Lehre, sondern beispielsweise auch an die Tatsache, daß im Bereich der Lehre über das Angebot und die Durchführung sehr unterschiedlicher Lehrveranstaltungen letztlich als Lernerfolg bei den Studenten auch sehr unterschiedliche (Markt)-Leistungen erbracht werden.

Im übrigen sind die eben nochmals angesprochenen Schwierigkeiten der Leistungsmessung auch bei vielen anderen Betrieben gegeben. Sie treten dort meist nur nicht so deutlich in Erscheinung. Das gilt zum Beispiel für Industriebetriebe. Diese haben es bei der Messung ihrer Leistung scheinbar sehr leicht, denn sie können die Umsätze (Erlöse) ihrer oft sehr unterschiedlichen Produktarten addieren und dann – über den Ausweis des Gesamtumsatzes – mit einem einzigen Leistungsmaßstab operieren. Diese Größe sagt aber nur sehr wenig über die von einem solchen Betrieb effektiv erbrachten Leistungen aus. So gesehen steht also die Hochschule als „Betrieb" bei der Bewältigung des Problems der Leistungsmessung keineswegs allein auf „verlorenem Posten".

2. An meinen Herrn Vorredner möchte ich noch eine kurze Bemerkung zum Kostendenken richten. Im Prinzip bin selbstverständlich auch ich der Meinung, daß es dringend notwendig ist, im Bereich der Hochschulen das Kostenbewußtsein zu intensivieren. Wie ich bereits in meinem ersten Diskussionsbeitrag erwähnte, erfordert dies jedoch ein Operieren mit modernen Kostenrechnungssystemen, also einen Verzicht auf die für traditionelle Systeme der Kostenrechnung typische Ermittlung von Vollkosten für einzelne Kalkulationsobjekte. Meine diesbezüglichen Befürchtungen, die ich schon äußerte, fand ich soeben bestätigt, als hervorgehoben wurde, daß es sehr nützlich wäre, wenn man nach Etablierung einer Kostenrechnung an den einzelnen Hochschulen beispielsweise die Frage „was kostet mich eine Stunde Lehrveranstaltung der Universität Bochum?" durch Angabe eines bestimmten Selbstkostenwertes beantworten könnte. Eine solche Frage läßt sich aber wegen der Unmöglichkeit der Aufschlüsselung von Gemeinkosten (die gerade in den Hochschulen einen hohen Prozentsatz an den Gesamtkosten ausmachen) niemals beantworten. Deshalb möchte ich mich nochmals mit Nachdruck dagegen wenden, daß man für Hochschulen Kostenrechnungssysteme konzipiert, die auf dem herkömmlichen, durch neuere Erkenntnisse der Betriebswirtschaftslehre längst überholten Gedankengut der Vollkostenrechnung basieren.

Herr Potthoff: Ich darf dazu mehr als Ergänzung eine kurze Bemerkung machen, denn Sie problematisieren im wesentlichen Fragen, die ich im

Grunde ähnlich sehe; in meinem Vortrag habe ich ja auch nur einen Ausschnitt gebracht.

Ich bitte aber, bei der Frage der Kosten auf eines zu achten. Wenn ich Kosten zu ermitteln versuche, muß ich überlegen, zu welchem Zweck. Er kann einmal darin bestehen, daß ich sie in meinem eigenen Betrieb, also im Zeitvergleich, verfolge. Das andere, natürlich interessantere Ziel kann sein, die Kosten im Vergleich zu anderen Universitäten festzustellen. Dann komme ich zu den Problemen, die Sie genannt haben. Dazu möchte ich aber sagen, daß man zunächst beginnen muß.

Nach den Erfahrungen aus der Wirtschaft mit Betriebsvergleichen ist festzustellen, daß es Jahre dauert, bis man zu vergleichbaren Einheiten gekommen ist. Es ist nicht jeder Betrieb gleich dem anderen. Die Auswertung des Betriebsvergleichs ist ohne Zweifel eine schwierige und zeitraubende Arbeit, da nur Vergleichbares miteinander in Beziehung gebracht werden kann. Dabei muß selbstverständlich einmal ein Schnitt gemacht werden; man verzichtet eventuell auf einen Vergleich, weil die Vorgänge weniger wichtig sind.

Herr Dünbier: Ich bin ein Mann der Wirtschaft, habe Beziehungen zur Hochschule und bin also eine Art Mittlerstelle. Zu den Ausführungen von Herrn Potthoff möchte ich etwas Positives sagen: Es liegt in der Natur der Sache, daß die negativen Seiten oder die Schwierigkeiten in der Kritik herausgestellt werden. So lange es bei Hochschulen noch möglich ist, die Kenngröße für Kosten und Nutzen mit der einfachen Zahl, auf sieben Studenten ein Professor, zu bezeichnen, aber das, was darunter ist, abzulehnen mit der möglichen Konsequenz der Schließung von ganzen Studienrichtungen, so lange ist es gut und richtig, den Anregungen von Herrn Potthoff zu folgen, wobei ich auch einsehe, daß die Meßgröße „Leistung“ in diesem Fall mit dem wirtschaftlichen Kennwert nicht zu vergleichen ist. Auch in der Wirtschaft rationalisiert man nicht erst, wenn einem mit Zahlenvergleichen gesagt wird, daß der andere es viel besser könne, sondern man rationalisiert, wo sich dazu die Möglichkeit bietet. Ich bin der Meinung, daß gerade die Hochschule dazu einen weiten Spielraum bietet.

Daß das Ganze von der Bildungsplanung überlagert ist, will ich nur mit einem Satz streifen. Dies schafft neue Gesichtspunkte, aber es würde zu weit führen, dies näher darzulegen.

Ich sage ganz einfach, daß die Überprüfung der Kostenseite, auch wenn man mit dem Leistungsnutzen nicht zurechtkommt, ein Anfang sein sollte. Man sollte nicht deshalb zögern, weil man das Problem als Ganzes betriebswirtschaftlich noch nicht zu lösen in der Lage ist. Auch so gesehen, enthalten die Ausführungen von Herrn Potthoff bemerkenswerte Denkanstöße.

Herr Bolsenkötter: Es ist klar, daß die knappen Erörterungen hier die Probleme stark vereinfachen müssen. Dabei können dann auch Bedenken auftauchen, die sich ausräumen lassen, wenn die Thematik ausführlicher behandelt wird.

So kann man z. B. die Leistungsmessung und -bewertung in der Hochschule gewiß nicht mit einigen wenigen Kenngrößen bewältigen. Man braucht sowohl für die Forschung als auch für die Lehre eine Reihe von Indikatoren, die sich gegenseitig ergänzen. Es ist aber möglich, in diesem Sinne Leistungsmengen zu erfassen, zu Wertmaßstäben zu gelangen und dabei auch quantitative Aspekte wenigstens teilweise zu berücksichtigen. Man kann auf die betrieblichen Leistungen der Hochschule zurückgreifen (Veranstaltungsstunden, Platzstunden, Belegstunden, Teilnehmerstunden) und weiterhin Studentenzahlen, die Zahl erfolgreicher Studienabschlüsse u. ä. heranziehen. Damit werden die Ausbringung der Hochschule und die Annahme der Leistungen durch die Studenten berücksichtigt. Wir erhalten unmittelbare und mittelbare Indikatoren; die Amerikaner nennen dies output measures und impact measures. Zur Bewertung sind Kosten, aber auch Einkommensvergleiche sowie auch Befragungsergebnisse geeignet.

Die vorhin verwendete Parallele zu den Verkehrsbetrieben finde ich recht schön. Wie der Verkehrsbetrieb keine Wagen- und Platzkilometer unnötig spazierenfahren sollte, muß auch die Leistung der Hochschule unter Berücksichtigung der Nachfrage gemessen werden. Die bei den Verkehrsbetrieben übliche Unterscheidung nach Betriebsleistung und Marktleistung ist also analog auf die Hochschule übertragbar. Befürchtungen, daß betriebswirtschaftliche Betrachtungsweise hier zu einseitiger Sicht führt, halte ich demnach für unbegründet.

Ein weiteres Thema, das angesprochen wurde und das ich gern aufgreifen möchte, ist das einer Hochschulkostenrechnung mit der besonderen Problematik der Teilkostenrechnung. Diese Frage nach Voll- oder Teilkostenrechnungssystemen läßt sich nicht einfach im Sinne einer Entscheidung für oder gegen die eine oder andere Ausrichtung der Kostenrechnung beantworten, sondern nur durch Aussagen darüber, für welche Entscheidungen Teilkosten sinnvoll sind und wofür Vollkosten ihren Wert haben. Es sind auch – trotz der Zurechnungsproblematik bei Gemeinkosten – in einigen Fällen Sekundärverrechnungen angebracht und möglich. Im übrigen ist das Problem interner Kostenverrechnung und interner Leistungsverrechnung in der Hochschule auch im Ausland erst aufgegriffen worden und noch nicht gelöst. – Für mittel- und langfristige Planungsüberlegungen sind Vollkosten – die nicht laufend und nicht detailliert ermittelt werden müssen – durchaus von Interesse.

Im übrigen sei mir noch der Hinweis gestattet, daß betriebswirtschaftliche Versuche der Erfassung von Kosten und Leistungen in der Hochschule diese nicht zu einer Ausbildungsuniversität machen werden. Man muß sich – ebenso wie für die Lehre – auch für die Forschung um praktische Indikatoren bemühen. Das ist hier schwieriger, aber nicht völlig unmöglich. Mit einigen Instrumenten kann die Betriebswirtschaftslehre dabei mithelfen und auch Hilfsmittel für eine entsprechende Kostenaufgliederung bereitstellen. Letzte Feinheiten können dabei natürlich nicht erwartet werden. Die besonderen Belange von Lehre und Forschung werden also durch die genannten Instrumentarien nicht beeinträchtigt. Wohl aber läßt sich die Transparenz erhöhen.

Herr Curtius: Ich bin Universitätskanzler. Ich möchte noch einmal auf die Eingangsfrage von Herrn Professor Zerna zurückkommen, die ich dahin verstanden habe, ob nicht die Anwendung der betriebswirtschaftlichen Methoden auf das Phänomen „Hochschule" zu einer sehr intensiven Veränderung unserer Hochschulverhältnisse, insbesondere der Hochschulleitung, führen muß. Ich glaube, daß das Prinzip der Rationalität dazu führen wird, daß insbesondere die Veränderungen der vergangenen zehn Jahre, also auch die Reform der Hochschulleitung und -verwaltung, einer möglicherweise starken Korrektur unterzogen werden müssen.

Ich sehe einen Ansatzpunkt für derartige Betrachtungen vor allen Dingen in den Ausführungen, die Sie zur Hochschulleitung gemacht haben. Davon ist in der Diskussion merkwürdigerweise gar nicht die Rede gewesen.

Ich habe den Eindruck, daß Ihre Ausführungen sehr stark von amerikanischen Vorbildern geprägt sind, und ich glaube auch, daß das ein sehr guter Ansatzpunkt ist. Ich würde wünschen, daß uns Ihre Unterscheidung zwischen primärer und sekundärer Hochschulleitung zu Verbesserungen führen könnte. Sie haben ja die primäre Hochschulleitung in dem eigentlichen exekutiven Leitungsorgan, dem Rektorat, gesehen und den Kollegialorganen eine sekundäre Bedeutung zugemessen. Ich habe allerdings nicht gehört, ob dies auch bedeutet, was es m. E. bedeuten sollte, daß nämlich die eigentliche Entscheidungskompetenz bei dem Primärorgan liegen müßte. Ich würde vorschlagen zu überlegen, ob nicht die sekundären Organe (Senat, Konvent usw.) entsprechend dem amerikanischen Vorbild eine bloß empfehlende, beratende Funktion haben sollten. Ich würde auch eine gewisse Besorgnis haben, jenen Organen die von Ihnen besonders hervorgehobene überwachende Funktion zuzumessen. Wenn die Universität von heute in der Bundesrepublik eine Universität des Staates ist, dann müßte wohl die Überwachungsfunktion gegenüber der primären Hochschulleitung auch in erster Linie beim Staat angesiedelt sein.

Herr Potthoff: Es ist richtig, wenn Sie meinen, daß das Wort Überwachung mißverständlich sei. Auch die Überwachung des Aufsichtsrates ist überwiegend eine Beratungsfunktion. Man müßte im Hinblick auf die Aufgaben des Staates und der Hochschule den Begriff präziser fassen.

Wirtschaftliche Auswirkungen der Ausweitung des Bildungssystems in der Bundesrepublik Deutschland

Von *Wilhelm Krelle*, Bonn

1. Problemstellung

In den „Empfehlungen zur Struktur und zum Ausbau des Bildungswesens im Hochschulbereich nach 1970", die der Wissenschaftsrat im Oktober 1970 vorgelegt hat, sowie im „Bildungsbericht 70" der Bundesregierung ist eine Steigerung der Gesamtausgaben für den Hochschulbereich von etwa 7 Milliarden im Jahre 1970 bis etwa 35 Milliarden im Jahre 1980 vorgesehen. Darin sind Ausgaben für Investitionen enthalten, die von unter 2 Milliarden im Jahre 1970 sehr schnell auf über 5 Milliarden und dann bis zum Jahre 1980 bis ca. 10 Milliarden ansteigen sollen. Die Zahl der Studenten soll in diesem Zeitraum von etwa 450000 auf über eine Million ansteigen. Fügt man die aus dem „Bildungsbericht 70" der Bundesregierung für 1980 vorgesehenen Ausgaben für das Schulwesen von etwa 60 Milliarden hinzu, so ergeben sich Größenordnungen, die etwa um 100 Milliarden Ausgaben für das gesamte Bildungswesen liegen werden.

In der Zwischenzeit sind diese Pläne etwas nach unten korrigiert, aber immer noch sehr ansehnlich. Nach Zeitungsberichten[1] sollen 1979 820000 Studienplätze bereitgestellt werden. Die Millionengrenze würde beim jetzigen Ausbautempo 1985 erreicht werden. Die Gesamtausgaben für die Hochschulen lagen 1974 bei 13 Milliarden und haben sich somit seit 1970 fast verdoppelt, 1974 haben 21,1% der Jugendlichen der entsprechenden Altersjahrgänge ein Studium aufnehmen können. Pläne dieser Größenordnungen müssen auf ihre Realisierbarkeit und auf ihre gesamtwirtschaftlichen Auswirkungen hin überprüft werden. Im Auftrag des Wissenschaftsrates hat eine Arbeitsgruppe am Sonderforschungsbereich 21 an der Universität Bonn, bestehend aus Diplom-Volkswirt Quinke, Diplom-Physiker Fleck und mir, diese Auswirkungen untersucht. Sie sind nicht einfach festzustellen: Die Ausweitung des Bildungssystems induziert Investitionen, die ihrerseits Folgewirkungen haben.

[1] Siehe General-Anzeiger für Bonn vom 20. 9. 75.

Die Vermehrung der Schüler und Studenten entzieht dem Arbeitsmarkt Arbeitskräfte, was die Produktion verringern muß. Dieser Entzugseffekt an Arbeitskräften wird möglicherweise später durch höhere Arbeitsproduktivität der besser Ausgebildeten überkompensiert. Im übrigen können im Bildungssystem länger festgehaltene Arbeitskräfte jeweils teilweise durch ausländische Arbeitskräfte ersetzt werden. Alles dies muß in einem interdependenten volkswirtschaftlichen Gesamtsystem simultan erfaßt werden.

Das *Problem* der Untersuchung lautete also:

Wie wirken verschiedene mögliche Ausweitungen des Bildungssystems auf die wichtigsten gesamtwirtschaftlichen Größen wie Bruttoinlandsprodukt, Preis- und Lohnniveau, Zahl der Erwerbspersonen und der ausländischen Arbeitskräfte, Saldo der Leistungsbilanz u. a.? Hier wurde einmal angenommen, daß ausländische Arbeitskräfte ohne zahlenmäßige Beschränkung zur Verfügung stehen, zum anderen, daß eine Obergrenze von 3 Millionen ausländischen Arbeitskräften nicht überschritten werden soll. Die Berechnungen werden einmal unter der Annahme vorgenommen, daß die Ausweitung des Bildungssystems einen Produktivitätseffekt hat in dem Sinn, daß diejenigen Schüler und Studenten, die nach Ausweitung des Bildungssystems zusätzlich eine weitergehende Ausbildung erhalten, denselben Grad von Arbeitsproduktivität erreichen wie diejenigen, die früher, vor Ausweitung des Bildungssystems, diese weitergehende Ausbildung absolvierten. Die Berechnungen werden zum anderen aber auch unter der Annahme vorgenommen, daß kein solcher Produktivitätseffekt eintritt. Das kann durchaus sein, z. B. wegen Ineffizienz und Unordnung im Schulsystem oder weil die Begabungsreserven erschöpft sind.

Insgesamt wurden vier bildungspolitische Alternativen untersucht. Sie werden im folgenden Abschnitt im einzelnen dargestellt.

2. *Untersuchte bildungspolitische Alternativen*

Das gesamte Bildungssystem wird in die folgenden 14 Bereiche unterteilt:

1. Elementarbereich (Kindergarten)
2. Eingangsstufe des Primarbereichs (für 5jährige)
3. Primarbereich (Klasse 1–4)
4. Sekundarbereich I (Klasse 5–10)
5. Sonderschulen

6. Studienbezogene Bildungsgänge (gymnasiale Oberstufe)
7. Berufsqualifizierende Vollzeitschulen (Berufsfach- und Technikerschulen)
8. Doppelt profilierte Ausbildungsrichtungen (Fachoberschulen, Fachgymnasien)
9. Berufsbefähigende Vollzeitschulen (es handelt sich hier um das neu einzuführende Berufsgrundschuljahr)
10. Berufsqualifizierende Ausbildung im dualen System (Berufsschule in Teilzeitform und Lehr- bzw. Anlernausbildung)
11. Berufsbefähigende Teilzeitschulausbildung (Berufsschule in Teilzeitform, keine Lehr- bzw. Anlernausbildung: Jungarbeiter)
12. Fachschulen
13. Ingenieurschulen
14. Hochschulen (einschließlich pädagogischer Hochschulen).

Für die Bereiche 1–5 wird bei allen bildungspolitischen Alternativen angenommen, daß die Pläne der Bund-Länder-Kommission für Bildungsplanung (BLK) bis 1985 voll realisiert werden. Für die übrigen Bereiche 6–14 werden vier bildungspolitische Alternativen definiert:

Alternative 1: Das jetzige Bildungssystem
Alternative 2: Der BLK-Plan
Alternative 3: Ein Extremmodell, das noch über den BLK-Plan hinausgeht
Alternative 4: Dasselbe Extremmodell, wobei aber angenommen wird, daß die Ausweitung schneller realisiert wird.

Die bildungspolitische Alternative 1 ist sozusagen der Vergleichsmaßstab für die Beurteilung der Auswirkungen des BLK-Planes. Die beiden Extremmodelle wurden hinzugefügt, weil es Hinweise (z. B. im Hochschulbereich) dafür gibt, daß die Nachfrage nach Ausbildung auf Spitzenniveau schneller steigt, als in der Planung der BLK vorgesehen, und weil die gesamtwirtschaftlichen Auswirkungen einer Ausweitung des Bildungssystems natürlich deutlicher werden, je stärker diese Ausweitung ist.

Die bildungspolitischen Alternativen wurden mit Hilfe verschiedener *Zugangsquoten* zu den einzelnen Bildungsbereichen beschrieben (die Zugangsquote ist der Prozentsatz eines Altersjahrgangs, der die jeweilige Ausbildung beginnt). Bei den Alternativen 1, 3 und 4 wurden die *Verweilzeiten* und die *Erfolgsquoten* nach den tatsächlichen Werten des Jahres 1970 konstant gehalten. Bei der Alternative 2 (dem BLK-Plan) wurden modifizierte Werte für Verweilzeiten und Erfolgsquoten benutzt, die sich aus den Angaben der BLK für 1985 gewinnen lassen. Für die Jahre zwischen 1970 und 1985 wurden bei dieser Alternative 2 die Erfolgsquoten und Verweildauern linear interpoliert.

Die Figur 1 (S. 50/51) definiert die vier bildungspolitischen Alternativen im einzelnen.

3. Die angewandten Methoden: Das Gesamtmodell

Um gesamtwirtschaftliche Auswirkungen einer Maßnahme wie die Ausweitung des Bildungssystems beurteilen zu können, benötigt man ein genügend detailliertes und wirklichkeitsnahes Modell der Wirtschaft der Bundesrepublik. Dieses Modell beschreibt die aus Beobachtungen in der Vergangenheit abzuschätzenden Verhaltensweisen statistischer Gesamtheiten (wie Konsumenten, Investoren usw.). Diese Verhaltensweisen hängen von politischen Entscheidungen (z. B. von der Ausweitung des Bildungssystems) ab, aber auch von anderen Größen, wie der Bevölkerungsentwicklung, der Entwicklung der Welthandelspreise und des Welthandelsvolumens, also auch solchen Größen, die von deutscher Seite aus nicht fühlbar beeinflußt werden können, aber doch die Wirtschaftsentwicklung in der Bundesrepublik entscheidend mitbestimmen. Entscheidungen über die Ausweitung des Bildungssystems sind also nur eine Einflußgröße auf die Wirtschaftsentwicklung neben vielen anderen. Will man die gesamtwirtschaftlichen Auswirkungen der Realisierung verschiedener Bildungsalternativen abschätzen, muß man diese sonstigen Einflüsse auf die Wirtschaft der Bundesrepublik konstant halten und nur die Bildungsalternativen verändern. Die folgenden Berechnungen beruhen auf der Annahme, daß sich die Welthandelspreise, das Welthandelsvolumen und andere exogene Größen im Trend weiter so entwickeln wie in der Vergangenheit. Für die Bevölkerungsentwicklung wurden die Vorausschätzungen des Statistischen Bundesamtes auf der Basis 1. 1. 1972 zugrunde gelegt.

Drei Submodelle arbeiten die bildungspolitischen Grunddaten der vier Alternativen (vergleiche Figur 1) so auf, daß die gesamtwirtschaftlichen Wirkungen durch das Erweiterte Bonner Prognosemodell vorauszuschätzen sind. Im *Schülermodell* werden mit Hilfe von Zugangsquoten, Erfolgsquoten, Verweilkoeffizienten und mit Hilfe von Bevölkerungsvorausschätzungen die Absolventen der verschiedenen Ausbildungsbereiche errechnet. Im *Erwerbsmodell* werden aus diesen Angaben die

Zahlen der Erwerbstätigen verschiedener Ausbildungskategorien errechnet. Diese gehen dann in das Bonner Prognosemodell ein. Das Schülermodell errechnet ebenfalls die Schüler- und Studentenbestände. Mit Hilfe von Kostenrichtsätzen errechnet das *Kostenmodell* dann die staatlichen Ausgaben und das notwendige Lehrpersonal. Diese Daten werden dann im Bonner Prognosemodell weiterverarbeitet.

An das Prognosemodell ist ein Input-output-Modell angehängt, das die Strukturveränderungen in der Wirtschaft (die Nachfrage-, Produktions- und Beschäftigungswirkungen für die verschiedenen Branchen) abzuschätzen gestattet.

Figur 2 gibt ein vereinfachtes Flußdiagramm des Gesamtmodells wieder, wobei die „Umwelteinflüsse", d. h. die exogenen Größen und vorgegebenen Daten, in ihrem Einfluß auf die verschiedenen Submodelle und das Bonner Prognosemodell zu erkennen sind.

Das Zentrum des Systems ist das *Erweiterte Bonner Prognosemodell*, ein nichtlineares Differenzengleichungssystem von 159 Gleichungen und einer Ungleichung (letztere legt eine Obergrenze von 3 Mill. für die Zahl der Gastarbeiter fest). Zuliefermodelle sind das *Schülermodell* mit 142 Gleichungen, das *Erwerbsmodell* mit 52 Gleichungen, das *Kostenmodell* mit 63 Gleichungen. Das *Input-output-Modell* von Größe 37 × 37 mit 8 Endnachfrage-Kategorien und 5 primären inputs verarbeitet einen Teil der Ergebnisse des Prognosemodells weiter zu Schätzungen der Strukturveränderungen der Wirtschaft. Insgesamt handelt es sich um ein nichtlineares Differenzengleichungssystem 6. Ordnung von 416 Gleichungen und einer Ungleichung, das den Wirtschaftsablauf in der Bundesrepublik bei verschiedenen Annahmen über die Ausweitung des Bildungssystems und gegebenen Annahmen über die wirtschaftliche Entwicklung im Ausland und wirtschaftspolitische Entscheidungen im Inland vorauszuschätzen gestattet.

4. *Überblick über die Teilmodelle*

Es ist nicht möglich, das Gesamtmodell mit allen seinen Teilen hier im einzelnen darzustellen. Dies ist anderswo geschehen[2]. Doch sollen die Konstruktionsprinzipien der Teilmodelle und die in diesem Zusammenhang wichtigsten Gleichungen angegeben werden.

[2] *Krelle*, *Fleck*, *Quinke*, Gesamtwirtschaftliche Auswirkungen einer Ausweitung des Bildungssystems, Bonn, Mai 1974.
Krelle, Erfahrungen mit einem ökonometrischen Prognosemodell für die Bundesrepublik Deutschland, Meisenheim am Glan, 1974.

Figur 1: Definition der vier Bildungspolitischen Alternativen.

Bereich des Bildungssystems	Alternative 1: jetziger Zustand Planwerte 1985 Zugangs-quote %	mittlere Verweil-zeit Jahre	Erfolgs-quote %	Alternative 2: BLK-Plan Planwerte 1985 Zugangs-quote %	mittlere Verweil-zeit Jahre	Erfolgs-quote %
6. Studienbezogene Bildungsgänge (gymnasiale Oberstufe)	12,5	2,93	85,3	17,3	3,0	100,0
7. Berufsqualifizierende Vollzeitschulen (Berufsfach- und Technikerschulen)	17,5	1,72	77,4	17,0	2,0	80,0
8. Doppelt profilierte Ausbildungsrichtungen (Fachoberschule, Fachgymnasium)	5,0	3,0	90,0	11,2	2,5	90,0
9. Berufsbefähigende Vollzeitschulen (neu einzuführendes Berufsgrundschuljahr)	0,0	—	—	6,0	1,0	100,0
10. Berufsqualifizierende Ausbildung im dualen System (Berufsschule in Teilzeitform und Lehr- und Anlernausbildung)	50,0	3,15	98,4	44,0	2,5	98,4
11. Berufsbefähigende Teilzeitschulen (Berufsschule in Teilzeitform, keine Lehr- und Anlernausbildung: Jungarbeiter)	10,0	2,42	100,0	0,0	—	—
12. Fachschulen	10,0	1,98	78,86	11,1	2,0	90,0
13. Ingenieurschulen	3,5	2,93	67,0	5,7	3,3	80,0
14. Hochschulen (einschl. Pädagogischer Hochschulen)	12,0	4,91	87,0	18,6	4,36	80,7

Alternative 3: Extremmodell			Alternative 4: Extremmodell, schneller realisiert			Ausgangsbasis: beobachtete Werte 1970		
Planwerte 1985			Planwerte 1985					
Zugangsquote %	mittlere Verweilzeit Jahre	Erfolgsquote %	Zugangsquote %	mittlere Verweilzeit Jahre	Erfolgsquote %	Zugangsquote %	mittlere Verweilzeit Jahre	Erfolgsquote %
30,0	2,93	85,3				12,5	2,93	85,3
20,0	1,72	77,4				17,9	1,72	77,4
15,0	3,0	90,0				4,8	3,0	90,0
10,0	—	—	wie bei Alternative 3, jedoch werden die Quoten bereits 1975 realisiert.			0,0	—	—
20,0	3,15	98,4				52,8	3,15	98,4
0,0	2,42	100,0				15,8	2,42	100,0
20,0	1,98	78,86				9,7	1,98	78,86
10,0	2,93	67,0				3,2	2,93	67,0
30,0	4,91	77,0				11,1	4,91	87,0

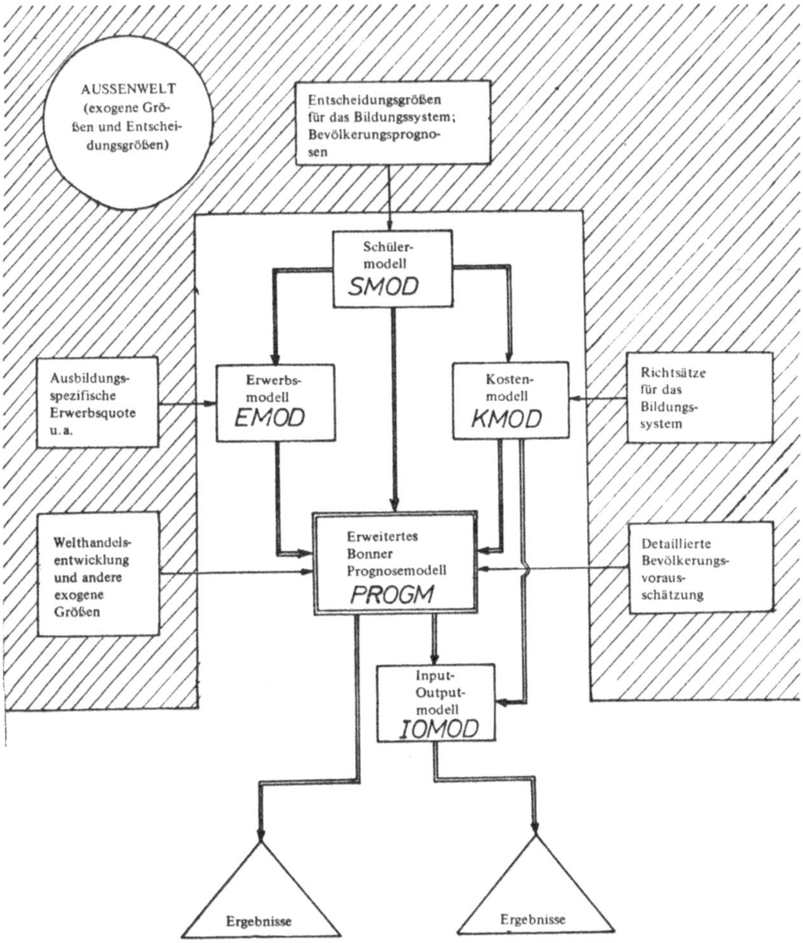

Figur 2: Vereinfachtes Flußdiagramm des Gesamtmodells.

A. Das erweiterte Bonner Prognosemodell

Es besteht, wie gesagt, aus insgesamt 159 Gleichungen und einer Ungleichung, die die Begrenzung der Gastarbeiter auf 3 Millionen festlegt. Die Wirtschaft ist in einen privaten und öffentlichen Sektor disaggregiert. Im Außenhandel sind 5 Güterkategorien unterschieden: Landwirtschaftliche Güter, Rohstoffe aus Erdöl, Erdöl, industrielle Fertigwaren und Dienstleistungen. Die Erwerbstätigen sind in Arbeiter, Angestellte, Selbständige im privaten Bereich, Beschäftigte im öffentlichen Bereich und Gastarbeiter eingeteilt. Das Modell unterscheidet 3 Steuerarten: die indirekten Steuern, Steuern auf das Lohn- und Steuern auf das Gewinneinkommen.

Von den 159 Gleichungen des Prognosemodells sollen hier nur diejenigen wiedergegeben werden, in denen sich der Einfluß einer Ausweitung des Bildungssystems auf die Wirtschaft am deutlichsten zeigt.

I. Gleichungen zur Beschreibung des Arbeitsmarktes

a. Bestimmung der Lohnsteigerung (49):

$$w_{LS_{pr}} = a_0 + a_1 \frac{w_{Ap-2}}{w_{LS_{pr}-2}} + a_2 w_{Y_{pr}} + a_3 \, NUE \, .$$

Hier wird die Lohnsteigerungsrate $w_{LS_{pr}}$ linear von der Relation der Steigerungen der Arbeitsproduktivität und des Lohnsatzes vor zwei Perioden, der Steigerungsrate des nominellen Sozialprodukts und dem Nachfrageüberhang auf dem Arbeitsmarkt abhängig gemacht. Dies ist eine spezielle Version der sogenannten Phillips-Kurve für den Arbeitsmarkt, wobei allerdings Verschiebungsparameter hierfür eingefügt sind.

b. Bestimmung des Nachfrage überhangs auf dem Arbeitsmarkt (116):

$$NUE = 100 \cdot \frac{A - \bar{G} \cdot EP}{\bar{G} \cdot EP} \, .$$

Dies ist eine Definitionsgleichung. Der Nachfrageüberhang auf dem Arbeitsmarkt ist die relative Abweichung der Arbeitsnachfrage (in Arbeitsstunden) A und des Arbeitsangebots. Letzteres ist das Produkt von gewünschter Arbeitsstundenzahl $\bar{G}$ und Zahl der Erwerbspersonen EP.

c. Bestimmung der gewünschten durchschnittlichen Wochenarbeitszeit (50):

$$\bar{G} = a_0 + a_1 (DCR + DCR_{-1} + DCR_{-2}) \, /3 \, .$$

Diese Gleichung erklärt die gewünschte durchschnittliche Arbeitszeit pro Woche aus dem Durchschnitt des realen Konsums pro Kopf über die drei letzten Perioden. Bei höherem Lebensstandard nimmt offensichtlich das Bedürfnis nach Freizeit zu und damit die durchschnittliche Arbeitszeit ab. Die obige Gleichung postuliert eine lineare Beziehung in dieser Richtung.

d. Die Zahl der Erwerbspersonen ist definiert durch (36):

$$EP = EP^{OG} + GA\,,$$

wobei EP^{OG} die Zahl der Erwerbspersonen ohne Gastarbeiter und GA die Zahl der Gastarbeiter ist.

e. Die Zahl der Erwerbspersonen ohne Gastarbeiter EP^{OG} ist definiert durch (100)

$$EP^{OG} = EP^{OG}_{15} + EP^{OG}_{R}\,.$$

Hierbei bedeutet EP^{OG}_{15} die Zahl der Erwerbspersonen (ohne Gastarbeiter) zwischen 15 und 30 Jahren und EP^{OG}_{R} die Zahl der Erwerbspersonen über 30 Jahren (also der Rest der Erwerbspersonen).

f. Die Zahl der Gastarbeiter ist definiert durch (98):

$$GA = ET \cdot (GAQ^* + \overline{GAQ})/100\,.$$

Hierbei ist $\overline{GAQ}$ der Trend der Gastarbeiterquote über den Konjunkturzyklus hinweg, Gastarbeiterquote definiert als Relation von Gastarbeitern zur Zahl der Erwerbstätigen. GAQ^* ist der konjunkturell schwankende Teil dieser Gastarbeiterquote.

g. Der Trend der Gastarbeiterquote wird bestimmt durch (124):

$$\overline{GAQ} = a_0 + a_1 (Y^{real,\,Inl.}_{-1} - Y^{real,\,Ausl.}_{-1})\ /G_{-1}\,,$$

das heißt durch die Differenz von realem Inlands- und Auslands-Prokopfeinkommen einer Periode vorher, dividiert durch die tatsächliche durchschnittliche Wochenarbeitszeit in der Bundesrepublik, ebenfalls eine Periode vorher. Dieser Gleichung liegt die Vorstellung zugrunde, daß es langfristig der Unterschied in den Lebensstandards der Lieferländer für Gastarbeiter und der Bundesrepublik ist, was den Gastarbeiterzustrom veranlaßt. Die Differenz im realen Durchschnittseinkommen wird auf die durchschnittliche Wochenarbeitszeit bezogen, weil natürlich die Länge der Arbeitszeit ebenfalls einen Einfluß auf die Attraktivität der Arbeit in der Bundesrepublik hat.

k. Der konjunkturell abhängige Teil der Gastarbeiterquote (12):

$$GAQ^* = a_0 + a_1 GAQ^*_{-1} + a_2 (A - \bar{G}_{-1} \cdot EP_{-1}) .$$

Diese Gleichung gibt den Nachfrageeffekt auf die Gastarbeiterquote wieder. Zunächst besteht eine gewisse „Trägheit" in der Gastarbeiterquote, die durch den verzögerten Term wiedergegeben wird. Im übrigen hängt die Gastarbeiterquote von der Differenz von Arbeitsnachfrage (in Arbeitsstunden) A und dem Arbeitsangebot ab, errechnet als Produkt von gewünschter Arbeitszeit und Zahl der Erwerbspersonen. Hier äußert sich der Einfluß einer Ausweitung des Bildungssystems auf den Arbeitsmarkt: Schüler und Studenten scheiden aus der Zahl der Erwerbspersonen aus. Damit verringert sich das Arbeitsangebot. Dies hat einerseits einen erhöhten Zustrom an Gastarbeitern zur Folge, andererseits eine Steigerung des nominellen Lohnsatzes.

II. Gleichungen zur Beschreibung der Ausgaben des Staates für Güter und Leistungen

a. Ausgaben des Staates für Güter und Leistungen (14):

$$A_{St}^{G} = A_{St}^{G,OB} + A_{St}^{G,B,real} \cdot p .$$

Dies ist eine Definitionsgleichung. Die Ausgaben des Staates setzen sich aus den Ausgaben des Staates ohne solche für Bildungszwecke und aus den Ausgaben des Staates für Bildungszwecke zusammen.

b. Ausgaben des Staates für Güter und Leistungen ohne Bildungsausgaben (128):

$$A_{St}^{G,OB} = a_0 + a_1 (TS_{-1} + TS_{-2}) /2 + a_2 (Y_{Pr,-1}^{B} - Y_{Pr,-2}^{B}) / Y_{Pr,-}^{B} .$$

Diese Verhaltensgleichung macht die Ausgaben des Staates (ohne Bildungsausgaben) abhängig vom Durchschnitt der Steuereinnahmen der vergangenen beiden Jahre und von der Wachstumsrate des Sozialprodukts des letzten relativ gegenüber dem vorletzten Jahr.

c. Reale Ausgaben des Staates für Güter und Leistungen für das Bildungssystem (133):

$$A_{St}^{G,\,B,real}\,.$$

Diese Größe wird aus dem *Kostenmodell* entnommen. Eine Ausweitung des Bildungssystems veranlaßt höhere Ausgaben des Staates für Güter und Leistungen für das Bildungssystem. Diese Ausgaben werden im Kostenmodell errechnet.

III. Gleichungen zur Beschreibung der Lohnzahlungen des Staates

a. Lohnzahlungen des Staates sind definiert durch (54):

$$L_{St} = l_{St} \cdot A_{St}\,.$$

Hierbei bedeutet l_{St} den durchschnittlichen Lohnsatz im öffentlichen Bereich und A_{St} die Zahl der Arbeitsstunden im öffentlichen Bereich.

b. Die Arbeitsstunden beim Staat sind definiert als Arbeitsstunden der Staatsbediensteten (ohne Lehrer) und Arbeitsstunden der Lehrer:

(53) $$A_{St} = A_{St}^{OLE} + A_{St}^{LE}\,.$$

c. Die Arbeitsstunden beim Staat ohne Lehrer werden geschätzt mit Hilfe der Beziehung (139):

$$A_{St}^{OLE} = a_0 \cdot e^{-\frac{wTFST}{NFTG} \cdot \frac{\bar{K}}{\bar{A}}} + a_1 \left(\frac{A_{St}^G}{p} + \frac{A_{St-1}^G}{p_{-1}} + \frac{A_{St,-2}^G}{p_{-2}}\right) /3\,.$$

Dies ist eine Art implizite Produktionsfunktion vom CES-Typ mit der Substitutionselastizität 1/2. Die Zahl der Arbeitsstunden beim Staat (ohne Lehrer) wird von den realen Staatsausgaben im Durchschnitt der letzten drei Jahre von einem technischen Fortschrittsterm abhängig gemacht. Letzterer hängt von der durchschnittlichen Kapital-Arbeits-Koppelung in der Volkswirtschaft ab.

d. Zahl der Arbeitsstunden der Lehrer (138):

$$A_{St}^{L} = LE \cdot \frac{A_{St}}{ET_{St}}\,.$$

Dies ist eine Definitionsgleichung. Die Arbeitsstundenzahl der Lehrer wird abhängig gemacht von der durchschnittlichen Arbeitsstundenzahl in der Bevölkerung und der Zahl der Lehrer.

e. Die Zahl der Lehrer (136):

$$LE$$

wird aus dem *Kostenmodell* entnommen. Sie wird dort für jede alternative Ausweitung des Bildungssystems errechnet.

IV. Gleichungen zur Beschreibung der Transferzahlungen des Staates

a. Ausgaben für die Ausbildungsförderung (134):

$$Z_{St,L}^{B,real} = Z_{St,L}^{B,real} \cdot PENA \, .$$

Hierbei bedeutet $Z_{St,L}^{B,real}$ die realen Ausgaben für die Ausbildungsförderung. $PENA$ ist der Lebenshaltungskostenindex.

b. Die realen Ausgaben für die Ausbildungsförderung $Z_{St,L}^{B,real}$ werden aus dem *Kostenmodell* entnommen. Sie werden dort für jede ins Auge gefaßte Ausweitung des Bildungssystems errechnet.

V. Gleichungen zur Bestimmung der Arbeitsproduktivität im privaten Bereich der Wirtschaft

a. Der Arbeitskoeffizient für Arbeiter, Angestellte und Selbständige ist in den Gleichungen (18), (20), (22) geschätzt durch

$$h = a_0 e^{-\frac{w_T}{F^B}\frac{\bar{K}}{\bar{A}}} + a_1 \frac{\bar{K}}{\bar{A}} ,$$

wobei $w_T = 0{,}0187$ eine Konstante ist. Dies ist eine implizite Produktionsfunktion für den privaten Teil der Wirtschaft. Es läßt sich zeigen, daß diese Gleichung unter vereinfachenden Annahmen als Äquivalent einer *CES*-Produktionsfunktion mit der Substitutionselastizität von 1/2 und Harrod-neutralem technischen Fortschritt interpretiert werden kann. Hierauf kann in diesem Zusammenhang nicht eingegangen werden. Die Gleichung besagt, daß die Zahl der Arbeitsstunden pro Endprodukteinheit mit größerer Kapitalintensität der Arbeit abnimmt

(d. h., daß die Arbeitsproduktivität mit größerer Kapitalintensität der Arbeit zunimmt). Außerdem wirkt der technische Fortschritt auf den Arbeitskoeffizienten ein. Der Einfluß ist durch den ersten Term in der obigen Gleichung wiedergegeben. Es wird ein induzierter technischer Fortschritt angenommen, wobei der technische Fortschritt durch die Änderung der Kapital-Arbeitsrelation veranlaßt wird. Hierbei ist auch ein Qualitätsindex F^B mitberücksichtigt, der die Änderung der Qualität der Arbeitskraft durch Änderung des durchschnittlichen Ausbildungsstandes der Arbeiter in der Volkswirtschaft wiedergibt.

b. Qualitätsindex der Arbeit (150):

$$F^B = \frac{1}{ET_{pr}} \sum_{j=1}^{5} (RM_j \cdot ET_j) .$$

Hierbei bedeutet ET_{pr} die Zahl der Erwerbstätigen im privaten Bereich. ET_j, $j = 1, \ldots, 5$ ist die Zahl der Erwerbstätigen mit verschiedenem Bildungsstand. RM_j sind Wägungsziffern. Es bedeuten:

ET_1 = Erwerbstätige mit abgeschlossener Hochschulausbildung
ET_2 = Erwerbstätige mit abgeschlossener Ausbildung an Ingenieurschulen
ET_3 = Erwerbstätige mit abgeschlossener Ausbildung an Berufsfach-, Fach-, und Technikerschulen
ET_4 = Erwerbstätige mit abgeschlossener Lehr- und Anlernausbildung
ET_5 = Erwerbstätige ohne Berufsausbildung

Die Wägungsziffern RM_j sollen die „Qualität“ einer Arbeitsstunde eines besser Ausgebildeten relativ zu der eines schlechter Ausgebildeten wiedergeben. Sie sind hier mit dem relativen Durchschnittseinkommen der betreffenden Personengruppen gleichgesetzt und haben die folgenden Werte:

$RM_1 = 2{,}417$
$RM_2 = 2{,}207$
$RM_3 = 1{,}323$
$RM_4 = 1{,}218$
$RM_5 = 1$

Bei den Teilen der Rechnung, bei denen kein Einfluß einer verlängerten Ausbildungszeit auf die Arbeitsproduktivität angenommen wurde, ist der Qualitätsindex F^B konstant gehalten worden.

Die Zahlen ET_1 bis ET_4 der Erwerbstätigen mit verschiedener Vorbildung werden im *Erwerbsmodell* errechnet und von dort in das erweiterte Prognosemodell übernommen.

B. Das Schülermodell

Dies Modell besteht aus 142 Gleichungen. Es übernimmt die Zugangsquoten zu den verschiedenen Bildungsbereichen aus den alternativen Bildungsplänen, ebenso die Erfolgsquoten und die Verweilkoeffizienten. Weiterhin werden Bevölkerungsvorausschätzungen des Statistischen Bundesamtes und Vorausschätzung der Zahl der ausländischen Schüler und Studenten aus den Veröffentlichungen der Bund-Länder-Konferenz entnommen. Dabei werden sieben Ausbildungsbereiche unterschieden, nämlich: Primarbereich, Sekundarbereich I, Sekundarbereich II (Vollzeitschüler), Sekundarbereich II (Teilzeitschüler), Sonderschulen, Ingenieurschulen, Hochschulen.

Das Schülermodell errechnet hieraus mit Hilfe von Definitionsgleichungen die Zahl der Absolventen der verschiedenen Qualifikationen, die Zahl der Vollzeitschüler und Studenten über 15 Jahre und die Schüler- bzw. Studentenbestände in den genannten Ausbildungsbereichen. An Qualifikationen werden unterschieden: Lehrlingsausbildung (duales System), Berufsfach-, Fach- und Technikerschulen, Ingenieurschulen, Hochschulen. Insgesamt sind das 4 Qualifikationen.

C. Das Erwerbsmodell

Das Erwerbsmodell besteht aus 52 Gleichungen. Dies Modell übernimmt aus den Bevölkerungsvorausschätzungen des Statistischen Bundesamtes die Wohnbevölkerung, den Anteil der weiblichen Absolventen an der Erwerbsquote, den Anteil der Neuzugänge zu den Erwerbspersonen, die unter bzw. über 20 Jahre sind, und die Überlebensquoten der verschiedenen Jahrgänge. Das Erwerbsmodell übernimmt aus dem Schülermodell die Zahl der Absolventen mit den dort unterschiedenen 4 Qualifikationen. Daraus werden dann in diesem Modell die Zahlen der Erwerbstätigen der verschiedenen Qualifikationen errechnet und an das Bonner Prognosemodell übergeben. Dies bestimmt dann die Änderung der Qualität der Arbeitsbevölkerung, wie im Abschnitt B oben beschrieben.

D. Das Kostenmodell

Es besteht aus 63 Gleichungen. Aus den Unterlagen der Bund-Länder-Konferenz werden Kostenrichtsätze, Förderquoten, Flächenrichtsätze, Schüler-Lehrerrelationen und anderes für jeden der 7 unterschiedenen Ausbildungsbereiche entnommen. Aus dem Schülermodell werden die Schüler- bzw. Studentenbestände in jedem Ausbildungsbereich übernommen. Das Kostenmodell errechnet daraus die laufenden Ausgaben des Staates für das Bildungssystem, die Investitionen für das Bildungssystem, die Ausgaben für die Ausbildungsförderung, das notwendige Lehrpersonal und gibt diese Ergebnisse an das Bonner Prognosemodell weiter. Die gleichen Ergebnisse werden weiterverarbeitet zu Bildungsvorleistungsziffern und Bildungsinvestitionsziffern. Diese gehen dann in das input-output-Modell über.

E. Das input-output-Modell

Es dient dazu, die Strukturverschiebungen innerhalb der Wirtschaft, die durch eine Ausweitung des Bildungssystems veranlaßt werden, abzuschätzen. Hierzu wurde eine input-output-Tabelle für 37 Wirtschaftszweige zugrundegelegt. Leider stand für die Rechnungen nur eine Tabelle für das Jahr 1966 zur Verfügung. Die input-output-Koeffizienten mußten also auch für die Zukunft konstant gehalten werden. Dies beeinträchtigt sicher die Ergebnisse. Zur Zeit der Durchführung dieser Rechnungen gab es aber keine statistischen Unterlagen, um die Veränderung der input-output-Koeffizienten vorauszuschätzen.

Bei der input-output-Analyse errechnet man aufgrund vorgegebener Endnachfrage die Produktion jedes Wirtschaftszweiges unter Einrechnung aller durch die Zwischennachfrage veranlaßten indirekten Nachfrageeffekte. Das Modell unterscheidet 8 Endnachfrage-Bereiche: den privaten Konsum, die Vorleistungen des Staates für das Bildungssystem, staatliche Investitionen im Bildungssystem, sonstige Vorleistungskäufe des Staates, staatliche Investitionen für andere Zwecke als für Bildung, private Anlageinvestitionen, Vorratsinvestitionen und Exporte. Diese Daten werden durch das erweiterte Bonner Prognosemodell bzw. das Kostenmodell geliefert.

Weiterhin werden 6 primäre Inputs berücksichtigt: staatliche Verkäufe, Importe, Abschreibungen, indirekte Steuern minus Subventionen, Löhne und Gewinne. Auch diese Daten werden vom Bonner Prognosemodell an das input-output-Modell geliefert.

Das Ergebnis der Berechnungen des input-output-Modells sind Vorausschätzungen der Produktion und Beschäftigung in den einzelnen Industriezweigen als Funktion verschiedener Ausweitungen des Bildungssystems sowie Schätzungen der Bedeutung der Bildungsausgaben für die Produktion und die Beschäftigung der verschiedenen Wirtschaftszweige. Da es sich hierbei um ein lineares System handelt, ist die Arbeitsweise dieses Modells leicht darzustellen. Es sei

$$A = \begin{pmatrix} a_{1,1} & \cdots & a_{1,37} \\ \vdots & & \\ a_{37,1} & \cdots & a_{37,37} \end{pmatrix}$$ die Matrix der input-Koeffizienten

$$E = \begin{pmatrix} e_{1,1} & \cdots & e_{1,8} \\ \vdots & & \\ e_{37,1} & \cdots & e_{37,8} \end{pmatrix}$$ die Matrix der Endnachfrage-Koeffizienten

$$X = \begin{pmatrix} x_1 \\ \vdots \\ x_{37} \end{pmatrix}$$ der Vektor der Bruttoproduktion

$$u = \begin{pmatrix} u_1 \\ \vdots \\ u_8 \end{pmatrix}$$ der Vektor der Endnachfrage

$$a = \begin{pmatrix} a_1 \\ \vdots \\ a_{37} \end{pmatrix}$$ der Vektor der Arbeits-input-Koeffizienten

Dann wird errechnet $x(t) = (I - A)^{-1} E \cdot u(t)$ bis zum Jahre $t = 1985$. Dies ist die Gesamtproduktion in den verschiedenen Industriezweigen.

$$X(t) = \begin{pmatrix} x_{1,1} & \cdots & x_{1,8} \\ \vdots & & \\ x_{37,1} & \cdots & x_{37,8} \end{pmatrix} = (I - A)^{-1} E \cdot diag\, u(t)$$

Hierbei bedeutet $X_{i,k}$ die Produktion des Sektors i für die Endnachfragekomponente k.

$$\Gamma(t) = \begin{pmatrix} \gamma_{1,1} & \cdots & \gamma_{1,8} \\ \vdots & & \\ \gamma_{37,1} & \cdots & \gamma_{37,8} \end{pmatrix} = [diag(X(t) \cdot 1)]^{-1} X(t),\ 1 := \begin{pmatrix} 1 \\ \vdots \\ 1 \end{pmatrix}$$

Hierbei ist $\gamma_{i,k}$ der Anteil der Gesamtproduktion des Sektors i, der auf die Nachfrage der Endnachfragekomponente k zurückzuführen ist.

$\beta(t) = a' \cdot x(t)$ die Gesamtbeschäftigung (in Personen)

$$b(t) = \begin{pmatrix} b_1 \\ \vdots \\ b_{37} \end{pmatrix} = (diag\ a) \cdot x(t)$$ der Vektor der Beschäftigung in den einzelnen Sektoren

$$B(t) = \begin{pmatrix} b_{1,1} & \cdots & b_{1,8} \\ \vdots & & \\ b_{37,1} & \cdots & b_{37,8} \end{pmatrix} = (diag\ a) \cdot X(t)$$

Hierbei bedeutet b_{ik} die Beschäftigung im Sektor i, die durch die Endnachfragekomponente k hervorgerufen ist.

F. Das Zusammenwirken der Teilmodelle im Gesamtsystem

Das erweiterte Bonner Prognosemodell entnimmt gesonderten Vorausschätzungen das Welthandelsvolumen, das durchschnittliche reale Pro-Kopf-Einkommen im Ausland und die Maximalzahl von Gastarbeitern. Aus dem Erwerbsmodell, aus dem Schülermodell und aus dem Kostenmodell werden die dort genannten Größen übernommen. Das erweiterte Bonner Prognosemodell verarbeitet diese Zahlen dann zu Vorausschätzungen der Entwicklungen aller wichtigen volkswirtschaftlichen Größen von 1972 bis 1985 bei Realisierung verschiedener Bildungspläne. Diese volkswirtschaftlichen Größen sind vor allem: der private Konsum, die Leistungen des Staates für das Bildungssystem, die Investitionen des Staates, die privaten Brutto-Anlage-Investitionen, privaten Vorratsinvestitionen, die Gesamtimporte und Exporte, das generelle Preisniveau. Ebenso werden die wichtigsten Daten für das Bildungssystem errechnet: die Zahl der Schüler, die Zahl der Lehrer, die Kosten des Bildungssystems usw.

5. Die Hauptergebnisse

Das Gesamtmodell wurde für jede bildungspolitische Alternative für die Jahre 1972 bis 1985 gelöst. Hierbei wurde angenommen, daß die

Realisierung der verschiedenen Pläne jeweils im Jahre 1972 begonnen hat. Tatsächlich sind wir ja jetzt etwa bei der Realisierung des BLK-Planes (Alternative 2), so daß diese Werte als Ausgangspunkt zu nehmen sind. Daß der Beginn der Realisierung alternativer Bildungspläne auf das Jahr 1972 verlegt wurde, ist daraus zu erklären, daß für den Bildungsbereich keine weiteren Daten vorliegen. Es ist aber auch für die Beurteilung der langfristigen Auswirkungen (und um diese handelt es sich hier) relativ unerheblich. In den ersten beiden Jahren wirken sich die verschiedenen Bildungsalternativen noch nicht sehr stark aus.

Das Modell wurde für jede bildungspolitische Alternative unter drei Annahmen gelöst:

1. Die Zahl der Gastarbeiter wird nicht beschränkt, und die Arbeitsproduktivität erhöht sich durch die verbesserte Ausbildung.
2. Die Zahl der Gastarbeiter wird auf drei Millionen beschränkt. Die Arbeitsproduktivität erhöht sich durch verbesserte Ausbildung.
3. Die Zahl der Gastarbeiter wird nicht beschränkt, die Arbeitsproduktivität wird aber auch durch bessere Ausbildung nicht erhöht.

Im folgenden werden die wichtigsten Ergebnisse graphisch veranschaulicht und interpretiert.

A. Die Entwicklung des realen Brutto-Inlandsprodukts bei Realisierung verschiedener Bildungssysteme

Figur 3 zeigt die tatsächliche Entwicklung des realen Brutto-Inlandsprodukts von 1957 bis 1971 und die Prognosen für die Jahre 1972 bis 1985 bei Realisierung verschiedener Bildungsalternativen. Die Zeitreihen 1., 3. und 4. beziehen sich auf die BLK-Planung und zeigen, daß dieser Plan selbst dann, wenn die Zahl der ausländischen Arbeitskräfte auf drei Millionen begrenzt wird und wenn kein weiterer Produktivitätsfortschritt resultiert, realisierbar ist in dem Sinn, daß keine katastrophalen Folgen für die Entwicklung des realen Bruttoinlandsprodukts eintreten. Allerdings sind die Opfer an Sozialprodukt, die die Ausweitung des Bildungssystems verlangt, nicht zu bagatellisieren. Insbesondere werden diese Opfer fühlbar, wenn durch den verlängerten Schulaufenthalt kein Fortschritt in der Arbeitsproduktivität erreicht wird.

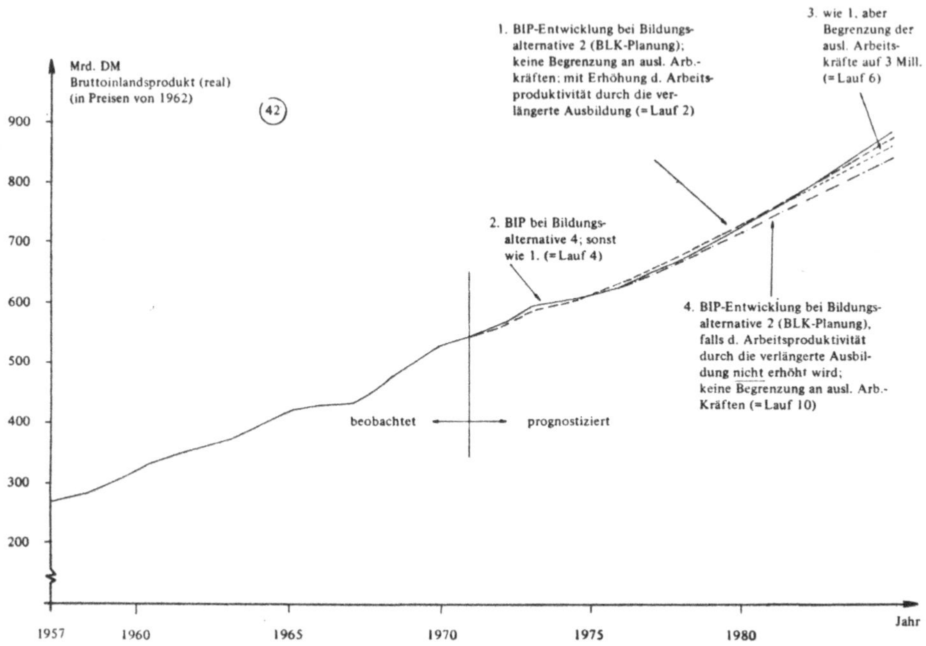

Figur 3: Entwicklung des realen BIP bei Realisierung verschiedener Bildungssysteme unter verschiedenen Annahmen über die Zahl der ausländischen Arbeitskräfte und die Wirkung einer Ausdehnung des Bildungssystems auf die Arbeitsproduktivität.

Zum Vergleich ist auch die Entwicklung des Bruttoinlandsprodukts bei Realisierung der extremen Bildungsalternative 4 eingezeichnet. Hier zeigt sich die typische Wirkung von Bildungsinvestitionen auf das Sozialprodukt am deutlichsten. Zunächst wird das Sozialprodukt durch den Multiplikatoreffekt der Bildungsinvestitionen ausgeweitet. Dann, bei „Ausfüllung“ des ausgeweiteten Bildungssystems mit jungen Menschen, macht sich der „Entzugseffekt“ auf dem Arbeitsmarkt geltend: Das Sozialprodukt fällt hinter dem sonst erreichbaren zurück. Wenn dann genügend viele besser ausgebildete Absolventen aus dem Bildungssystem wieder in die Arbeitswelt übertreten, steigt das Sozialprodukt über das Niveau, das es ohne Durchführung der Bildungsinvestitionen erreicht hätte. Wenn allerdings trotz verlängerter Ausbildung die Arbeitsproduktivität nicht steigt, bleibt das Sozialprodukt ständig hinter dem Niveau zurück, das es ohne Ausweitung der Bildungsinvestitionen gehabt hätte. Figur 3a zeigt diesen Effekt, der aus Figur 3 im einzelnen ersichtlich ist, symbolisch.

Der in Figur 3 gewählte Maßstab für das Bruttoinlandsprodukt läßt den falschen Anschein aufkommen, als ob bei Realisierung der BLK-Planung die Frage der Wirkung auf die Arbeitsproduktivität nicht von besonderer Wichtigkeit wäre. Das ist aber falsch. Figur 4 zeigt die Entwicklung der Verluste an Brutto-Inlandsprodukt, die bei Realisierung des BLK-Planes eintreten, wenn kein Produktivitätseffekt durch die Verbesserung der Ausbildung eintritt, d. h., wenn die neu in eine Ausbildung eintretenden Personen das Schulsystem nicht mit den gleichen Fähigkeiten verlassen wie die früher (vor Ausweitung des Systems) dort

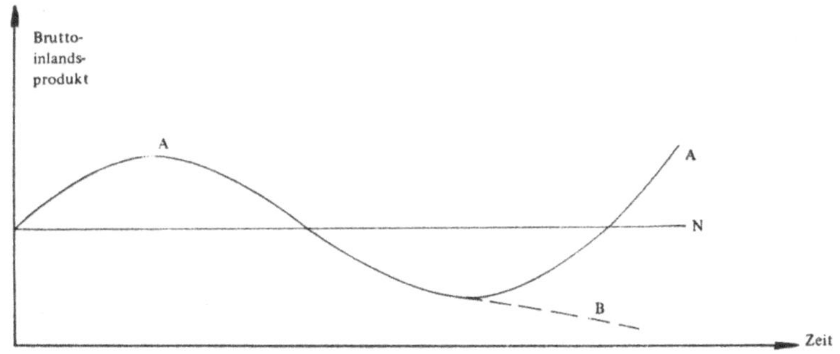

N = Normale Entwicklung des BIP
A = Entwicklung bei Ausweitung des Bildungssystems mit Produktivitätseffekt
B = dto., ohne Produktivitätseffekt

Figur 3a: Typische Wirkung von Bildungsinvestitionen auf das BIP.

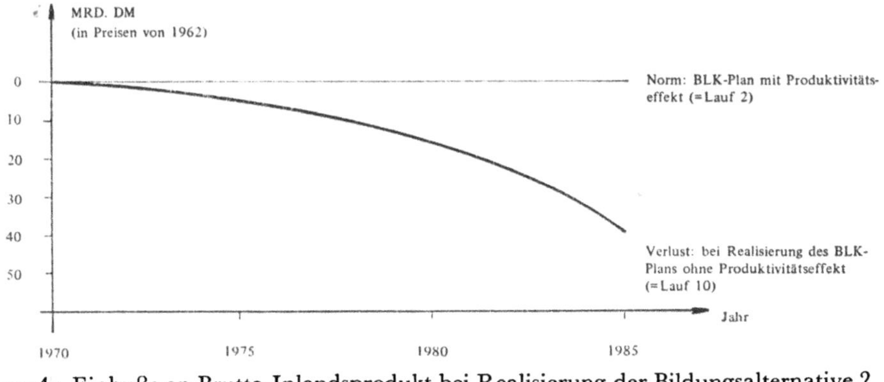

Figur 4: Einbuße an Brutto-Inlandsprodukt bei Realisierung der Bildungsalternative 2 (= BLK-Plan) und keiner Begrenzung ausländischer Arbeitskräfte, falls durch die verlängerte Ausbildung kein Produktivitätseffekt wirksam wird, (42). Differenz der Zeitreihen 1. und 4. von Figur 3 = Differenz von Lauf 2 und Lauf 10.

Ausgebildeten. Man sieht, daß die Einbußen im Jahre 1985 40 Milliarden DM (in Preisen von 1962) erreichen, das ist das Doppelte der jetzigen Kosten der Bundeswehr.

Insgesamt kann man feststellen, daß die Realisierung des BLK-Planes zur Ausweitung des Bildungssystems dann keine zu stark ins Gewicht fallenden Auswirkungen auf das reale Bruttoinlandsprodukt haben wird, wenn es gelingt, die Ausbildungseffizienz zu halten oder gar zu steigern. In diesem Fall würde der Ausfall an Bruttoinlandsprodukt etwa bis zum Jahre 1985 eingeholt werden, und von da ab würde sich die Ausweitung des Bildungssystems auch in bezug auf das Sozialprodukt positiv auswirken. Wenn jedoch die längere Schulzeit und die höhere Zahl der Schüler zu einer Senkung der Ausbildungseffizienz führen, bedeutet die Ausweitung des Bildungssystems einen dauernden Verlust an Sozialprodukt für die Volkswirtschaft.

In Figur 5 werden die Auswirkungen der vier bildungspolitischen Alternativen auf das reale Bruttoinlandsprodukt verglichen, wobei die gleichen „Rahmenbedingungen" zugrunde gelegt wurden: Ausländische Arbeitskräfte sind auf 3 Millionen begrenzt, und es ist angenommen, daß durch

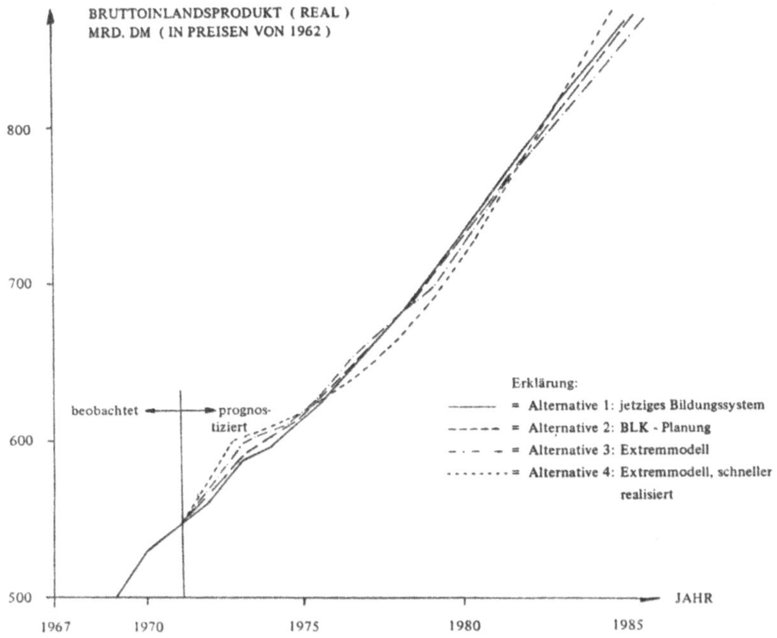

Figur 5: Entwicklung des realen BIP bei Realisierung verschiedener Bildungssysteme. Annahmen: Ausländische Arbeitskräfte nicht über 3 Mill.; Ausweitung des Bildungssystems erhöht die Arbeitsproduktivität.

die Ausweitung des Bildungssystems sich auch die Arbeitsproduktivität erhöht. Man sieht, daß zwar Differenzen in der Höhe des Bruttoinlandsprodukts in der Größenordnung von 10 Milliarden auftreten (bis 1985). Bei einer absoluten Höhe des Bruttoinlandsprodukts zwischen 600 und 900 Milliarden sind das aber tragbare Größenordnungen. Von hier aus beurteilt sind alle 4 Alternativen als realisierbar einzustufen.

Auch hier zeigt sich wieder der typische Einfluß von Bildungsinvestitionen auf das Sozialprodukt: Zunächst gibt es einen Multiplikatoreffekt der Bildungsinvestitionen, dann einen Entzugseffekt bei den Arbeitskräften, so daß das Sozialprodukt niedriger wird, am Ende dann (bei der hier angenommenen Steigerung der Arbeitsproduktivität) eine positive Wirkung. Figur 6 zeigt die Differenzen der Verläufe des Bruttoinlandsprodukts bei verschiedenen Bildungsalternativen nach Figur 5, aber in anderem Maßstab. Dargestellt sind die Abweichungen von der BLK-Planung. Wie man sieht, gleichen sich bis etwa 1985 die Verluste und Gewinne an Sozialprodukt bei Realisierung der BLK-Planung gegenüber der Beibehaltung des jetzigen Bildungssystems etwa aus. Ab 1986 würde die BLK-Planung auch gegenüber der Beibehaltung des jetzigen Bildungssystems mehr Sozialprodukt erbringen (wie gesagt: Verbesserung der Arbeitsproduktivität durch Ausweitung des Bildungs-

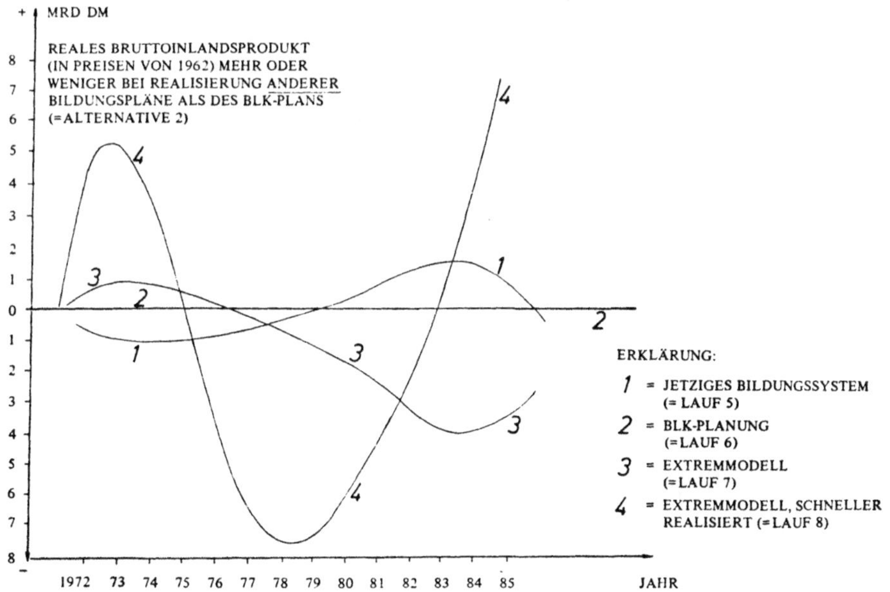

Figur 6: Darstellung der Differenzen der BIP-Verläufe in Figur 5. (42)

systems vorausgesetzt). Die Extremvariante 4 zeigt die typische Auswirkung von Bildungsinvestitionen bereits bis zum Jahr 1985. Bei den anderen Alternativen läßt diese Wirkung länger auf sich warten und ist schwächer.

Ein ähnlicher Effekt ist bereits von Beckerhoff theoretisch postuliert worden[3].

B. *Die Entwicklung des Preis- und des Lohnniveaus bei Realisierung verschiedener Bildungssysteme*

Figur 7 vergleicht die Auswirkung der Realisierung verschiedener Bildungssysteme auf das Preisniveau, wobei die sonstigen Bedingungen gleich gehalten wurden (nicht mehr als 3 Millionen ausländische Arbeitskräfte, Erhöhung der Arbeitsproduktivität durch Verlängerung der Ausbildung). Wie man sieht, löst die Ausweitung des Bildungssystems einen

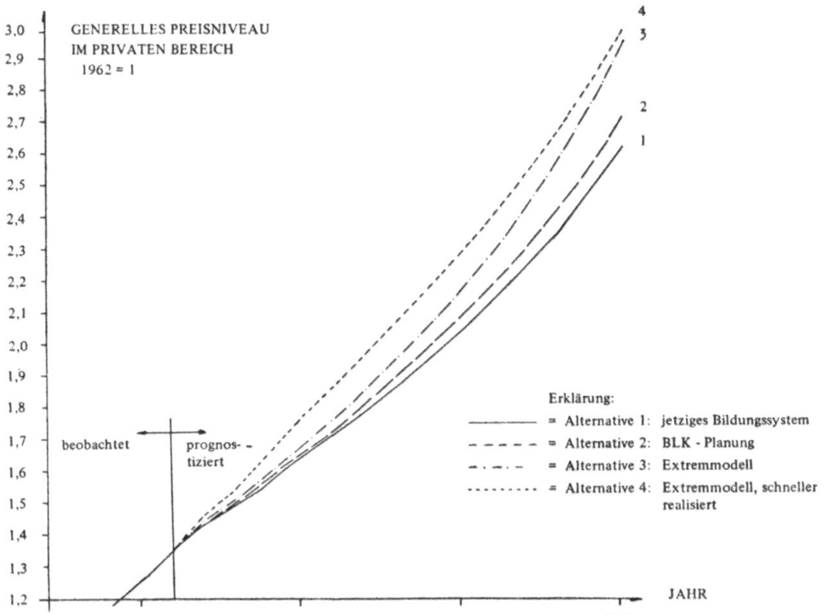

Figur 7: Entwicklung des Preisniveaus bei Realisierung verschiedener Bildungspläne. Annahmen: Ausländische Arbeitskräfte nicht über 3 Mill.; Ausweitung des Bildungssystems erhöht die Arbeitsproduktivität.

[3] *Dirk Beckerhoff*, Wirtschaftswachstum durch Ausbildung und Forschung, Dissertation Bonn 1968, S. 159 und S. 163.

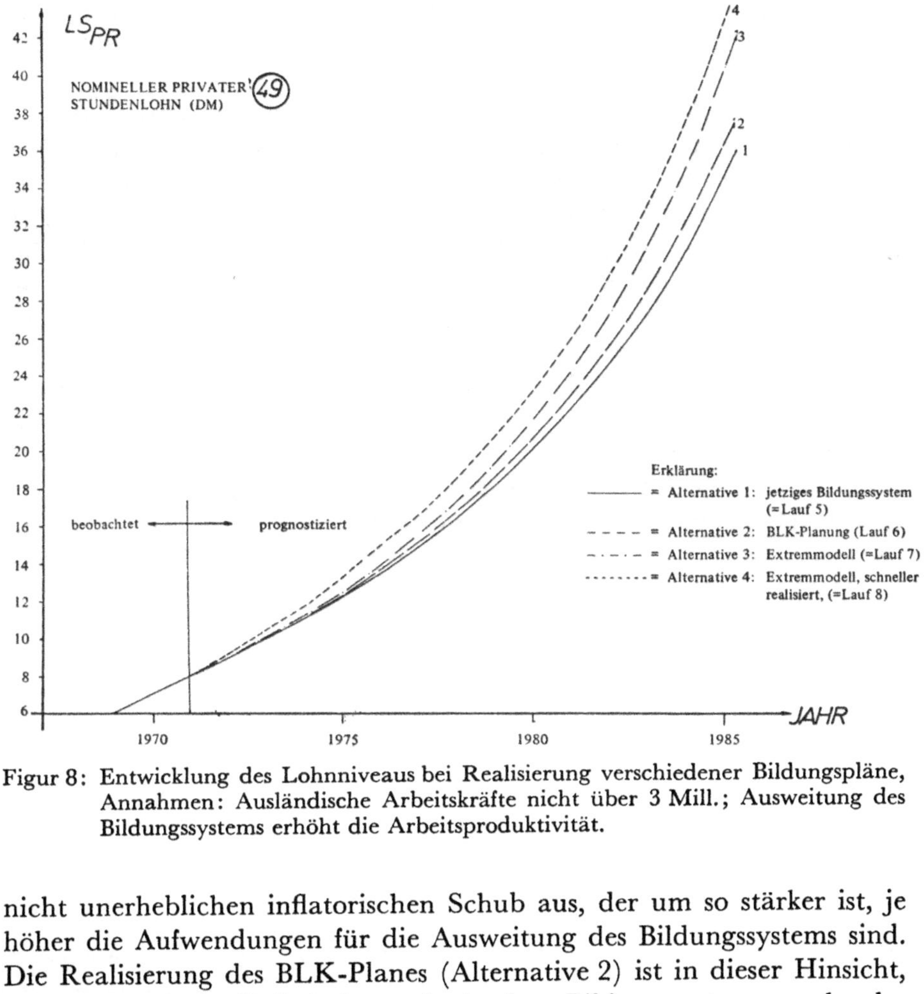

Figur 8: Entwicklung des Lohnniveaus bei Realisierung verschiedener Bildungspläne, Annahmen: Ausländische Arbeitskräfte nicht über 3 Mill.; Ausweitung des Bildungssystems erhöht die Arbeitsproduktivität.

nicht unerheblichen inflatorischen Schub aus, der um so stärker ist, je höher die Aufwendungen für die Ausweitung des Bildungssystems sind. Die Realisierung des BLK-Planes (Alternative 2) ist in dieser Hinsicht, verglichen mit der Beibehaltung des jetzigen Bildungssystems, noch relativ harmlos: das Preisniveau würde 1985 etwa um 3,6% höher liegen als sonst. Der Grund hierfür ist aus Figur 8 zu ersehen: Das Lohnniveau steigt entsprechend an. Die Verknappung an Arbeitskräften durch den Entzug einer größeren Zahl junger Menschen vom Arbeitsmarkt (dies ist ja die Folge einer Ausweitung des Bildungssystems) läßt die Löhne ansteigen, und natürlich um so stärker, je größer dieser Entzugseffekt ist. Dies wirkt dann wieder auf das Preisniveau zurück. Bei festen Wechselkursen (und die werden hier unterstellt) muß sich das natürlich auch auf den Leistungsbilanzsaldo auswirken. Darauf gehen wir später ein (vgl. Figur 11).

C. Die Zahl der Erwerbspersonen und der ausländischen Arbeitskräfte bei verschiedenen Bildungssystemen

Die größere Knappheit am Arbeitsmarkt durch Ausweitung des Bildungssystems läßt natürlich die Zahl der ausländischen Arbeitskräfte ansteigen. Gleichzeitig geht die Zahl der Erwerbspersonen zurück. Figur 9 zeigt die Entwicklung der Zahl der Erwerbspersonen und der Zahl der ausländischen Arbeitskräfte bei den verschiedenen bildungspolitischen Alternativen. Hierbei ist zunächst angenommen, daß die Zahl der ausländischen Arbeitskräfte nicht begrenzt wird (Zeitreihen 1–4). Wie man sieht, geht die Zahl der Erwerbspersonen bis 1979 in jedem Fall zurück, und das trotz einer im Trend steigenden Zahl ausländischer Arbeitskräfte. Das liegt einmal an der demographischen Entwicklung, zum anderen daran, daß mit steigendem Wohlstand die Erwerbsquote zurückgeht. Dieser Effekt wird durch die Ausweitung des Bildungssystems noch verstärkt: Die Zahl der Erwerbspersonen sinkt stärker. 1985 werden bei Realisierung des BLK-Planes (Alternative 2) rund 200000 Erwerbs-

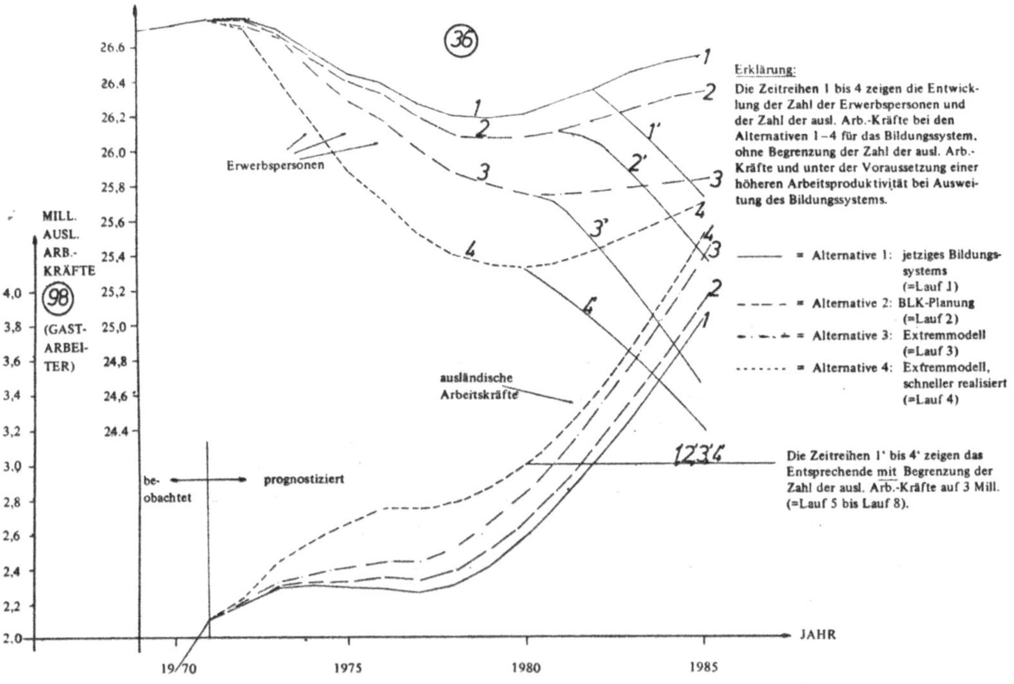

Figur 9: Erwerbspersonen (Mill.), einschl. ausländische Arbeitskräfte. (36)

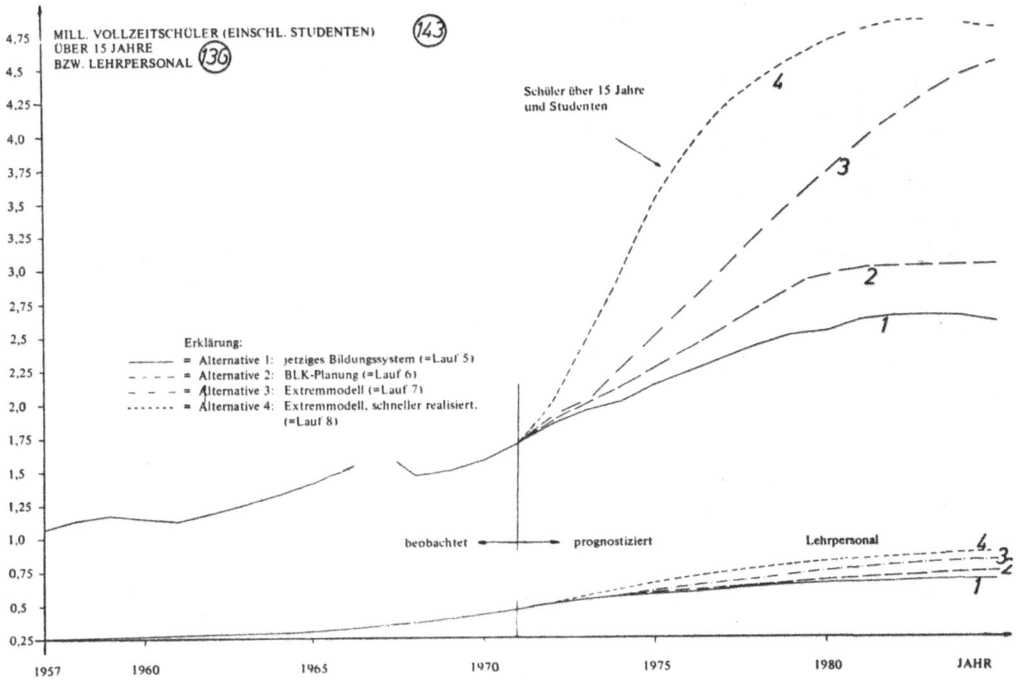

Figur 10: Entwicklung der Zahlen der Vollzeitschüler (einschl. Studenten) über 15 Jahre und des Lehrpersonals bei Realisierung verschiedener Bildungssysteme.

personen weniger vorhanden sein als bei Aufrechterhaltung des jetzigen Bildungssystems. Die Zahl der ausländischen Arbeitskräfte liegt gleichzeitig etwa um 120000 höher.

Wenn die Zahl der ausländischen Arbeitskräfte bei drei Millionen begrenzt wird (Zeitreihen 1′ bis 4′), fällt die Zahl der Erwerbspersonen zu Beginn der 80er Jahre sehr stark ab. Wie man an Figur 4 sieht, wirkt sich das aber auf die Produktion nicht katastrophal aus, jedenfalls nicht, wenn die Arbeitsproduktivität bei Ausweitung des Bildungssystems steigt.

D. Vollzeitschüler (einschl. Studenten) über 15 Jahre und Lehrpersonal bei verschiedenen Bildungssystemen

Es ist klar, daß die Zahl der Schüler (einschl. Studenten) über 15 Jahre und die Zahl des Lehrpersonals um so höher ist, je mehr das Bildungssystem ausgeweitet wird. Fig 10 zeigt die Entwicklung dieser Zahlen bei den vier Bildungsalternativen. Beim jetzigen Bildungssystem würden wir 1985 etwas über 2,5 Millionen Schüler und Studenten haben, die 15 Jahre und älter sind, bei Realisierung der BLK-Planung etwas über drei Millionen. Bei den Extremmodellen liegen die Zahlen zwischen 4,5 und 4,8 Millionen. Demgegenüber mutet die Ausdehnung des Lehrpersonals eher bescheiden an: Bei Beibehaltung des jetzigen Bildungssystems wird es etwa 670000 Lehrer geben, bei Realisierung des BLK-Planes 730000 und bei den beiden Extremmodellen zwischen 830000 und 860000. Hieran braucht die Ausweitung des Bildungssystems also nicht zu scheitern. Die hohe Zahl von Schülern und Studenten, die mehr oder weniger sich selbst überlassen und von der Gesellschaft unterhalten eine Art „freischwebendes Dasein" führen, wird sicher soziologische und politische Probleme mit sich bringen. Auf sie kann hier nur hingewiesen werden. Bei der BLK-Planung wird die Zahl der Schüler und Studenten über 15 Jahre von 1973 bis 1985 um etwa eine Million von zwei auf etwas über 3 Millionen erhöht. Eine Erhöhung auf 2,5 Millionen würde aber auch ohnehin bei Beibehaltung des jetzigen Systems aufgrund der Bevölkerungsdaten eintreten. Diese Ausweitung hält sich also noch in zu bewältigenden Grenzen.

E. Die Entwicklung des Leistungsbilanzsaldos bei Realisierung verschiedener Bildungssysteme

Figur 11 zeigt die bisherige Entwicklung des Saldos der Leistungsbilanz (Exporte – Importe, jeweils an Gütern und Leistungen) von 1957 bis 1971 und gibt Prognosen bis zum Jahre 1985 bei Realisierung verschiedener Bildungssysteme. Zunächst fällt auf, daß mit Beginn der 80er Jahre die Periode der Leistungsbilanzüberschüsse vorbei zu sein scheint. Hierbei ist aber zu berücksichtigen, daß im Modell der Trend der Weltmarktpreise, wie er in der Vergangenheit beobachtet wurde, fortgeschrieben wird. Wenn die Auslandspreise stärker steigen als in der Vergangenheit (und das trifft nach den letzten Beobachtungen zu), so tritt diese Passivierung der Leistungsbilanz natürlich nicht ein. Aber auch dann ist klar, daß eine Ausdehnung des Bildungssystems die Leistungsbilanz verschlechtert. Der Grund liegt in der Erhöhung des inländischen Preisniveaus (vgl. Figur 7), die wiederum durch die Erhöhung des Lohnniveaus bedingt ist (vgl. Figur 8); letztere resultiert aus der Verknappung des Arbeitsmarktes bei Ausdehnung des Bildungssystems.

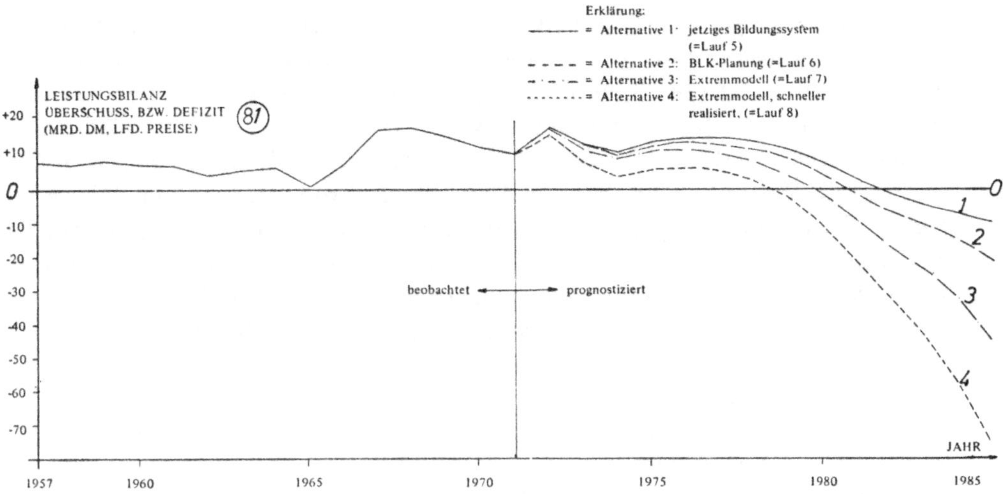

Figur 11: Entwicklung des Leistungsbilanzsaldos bei Realisierung verschiedener Bildungssysteme, Annahmen: Begrenzung der Zahl der ausländischen Arbeitskräfte auf 3 Mill.; höhere Arbeitsproduktivität bei Ausweitung des Bildungssystems.

Wenn das Ausland stärker inflationiert als in dem Modell angenommen, wird dadurch der Abfall in der Leistungsbilanz verhindert; andernfalls kann man dem Problem natürlich durch Abwertung begegnen. Jedenfalls ist eine Ausweitung des Bildungssystems eine Maßnahme, die Leistungsbilanzüberschüsse abbaut.

F. Der Einfluß einer Ausweitung des Bildungssystems auf andere gesamtwirtschaftliche Größen: Verteilung, Arbeitsproduktivität, private Investitionen u. a.

Im folgenden wird angenommen, daß die Zahl der Gastarbeiter auf drei Millionen begrenzt wird und daß die Ausweitung des Bildungssystems eine Verbesserung der Arbeitsproduktivität bringt.

Es ist ziemlich selbstverständlich, daß sich die Ausgaben des Staates für Güter und Leistungen (A^G_{St}, Gleichung (14)) um so mehr erhöhen, je mehr das Bildungssystem ausgeweitet wird. 1985 werden diese Ausgaben bei Realisierung der Alternative 2 (BLK-Modell) gegenüber der Alternative 1 (jetziges System) um 18 Milliarden DM höher liegen; eine Realisierung des Extremmodells 3 würde gegenüber der Realisierung der Alternative 2 sogar 42 Milliarden DM mehr Staatsausgaben erfordern; die Verwirklichung der Alternative 4 (schnellere Realisierung des Extremmodells) gegenüber der Alternative 3 eine Mehrausgabe von weiteren 12 Milliarden. Hierbei ist allerdings zu berücksichtigen, daß die Preisniveaus unterschiedlich sind (vgl. Figur 7), so daß die realen Ausgaben nicht so stark voneinander abweichen.

Bei den Arbeitskoeffizienten der Arbeiter, Angestellten und Selbständigen (vgl. Zeitreihen 18, 20, 22) fällt auf, daß die numerischen Werte für 1985 nur geringfügig von den Annahmen über das Bildungssystem beeinflußt werden. Dennoch drücken sich hierin die positiven Effekte einer verbesserten Ausbildung aus. Deutlicher zeigt sich der Effekt an den unterschiedlich stark negativen Werten der Wachstumsraten der Arbeitskoeffizienten.

Die privaten Investitionen (I^B_{pr}, Gleichung (41)) sind bei stärkerer Ausdehnung des Bildungssystems größer: 1985 würde eine Realisierung der Bildungsalternative 2 gegenüber 1 um 18 Milliarden DM mehr private Anlageinvestitionen hervorrufen; eine Realisierung der Alternative 3 gegenüber der Alternative 2 würde eine Vergrößerung der privaten Anlageinvestitionen um 40 Milliarden DM, eine Realisierung der Alternative 4 gegenüber der Alternative 3 eine Vergrößerung um 29 Milliarden DM bringen. Dabei ist wiederum zu berücksichtigen, daß die Preisniveaus unterschiedlich sind.

Die Gesamtbeschäftigung (A, Gleichung (56)) liegt 1985 bei etwa 50 Milliarden Arbeitsstunden. Eine Realisierung der Bildungsalternative 2 würde die Zahl der Arbeitsstunden gegenüber der Alternative 1 um 400 Millionen verringern, eine Realisierung der Alternative 3 gegenüber der Alternative 2 würde die Arbeitsstunden nochmals um 700 Millionen verringern; eine Realisierung der Alternative 4 gegenüber der Alternative 3 würde einen weiteren Rückgang von einer Milliarde Arbeitsstunden verursachen. Die Erklärung liegt auf der Hand: Der Entzug an Arbeitskräften durch Ausweitung des Bildungssystems wird nicht voll durch ausländische Arbeitskräfte kompensiert.

Die Verteilung des Sozialprodukts (V, Gleichung (92)) wird von der ganzen Bildungsausweitung praktisch nicht beeinflußt. Als Verteilung ist hier das Verhältnis von Lohneinkommen zur Summe von Lohn- und Gewinneinkommen definiert. Diese Regulation betrug 1972 0,693 und wird bis 1985 bei Realisierung des Bildungssystems 1 auf 0,801 steigen, bei Realisierung des Bildungssystems 4 auf 0,808. Die anderen Zahlen liegen dazwischen. Wie man sieht, ist mit Bildungspolitik keine Verteilungspolitik zu treiben.

Die Ausgaben des Staates für Güter und Dienste auf dem Bildungssektor ($A^{G,B}_{St}$, Gleichung (132)) steigen zu laufenden Preisen von 11,6

Milliarden im Jahre 1971 auf 26,8 bzw. 32,8 bzw. 48,9 bzw. 43,7 Milliarden DM im Jahre 1985, je nachdem, ob die Bildungsalternative 1, 2, 3 oder 4 realisiert wird. Hierbei handelt es sich um laufende Preise. In Preisen von 1962 lauten die Zahlen für 1985 für die vier Alternativen: 10,2 bzw. 12,1 bzw. 16,7 bzw. 14,7 Milliarden DM. Auffällig ist hierbei, daß die extreme Alternative 4 im Jahre 1985 weniger Kosten verursacht als die anderen Alternativen. Das liegt daran, daß wegen der schnelleren Realisierung der Bildungsausweitung dann die Hauptausgaben für die Investitionen bereits vorbei sind, während sie bei den anderen Alternativen noch anstehen.

Interessant ist sicher der Einfluß von bildungspolitischen Entscheidungen auf die Entwicklung der Zahl von ausgebildeten Erwerbstätigen. Es zeigt sich, daß diese Zahl für alle Ausbildungskategorien und bei *jeder* der betrachteten Alternativen bis 1985 stark ansteigen wird, auch dann also, wenn das jetzige Bildungssystem beibehalten wird. Diese Entwicklung ist eben schon durch bildungspolitische Entscheidungen in der Vergangenheit angelegt worden. Im einzelnen hat man folgende Ergebnisse:

Die Zahl der Erwerbstätigen mit abgeschlossener Ausbildung an Hochschulen (*ET*1, Gleichung (146)) betrug 1971 1,015 Millionen und wird bis 1985 auf 1,676 bzw. 1,770 bzw. 1,994 bzw. 2,510 Millionen Personen steigen, je nachdem, ob die Alternative 1, 2, 3 oder 4 im Bildungsbereich verwirklicht wird. Für die Erwerbstätigen mit abgeschlossener Ausbildung an Ingenieurschulen (*ET*2, Gleichung (147)) lauten die entsprechenden Zahlen für 1971: 0,409 und für 1985: 0,542 bzw. 0,619 bzw. 0,899. Erwerbstätige mit abgeschlossener Ausbildung an Berufsfach- und Fachschulen (*ET*3, Gleichung (148)) gab es 1971: 2,748 Millionen; 1985 werden es, je nach der realisierten Bildungsalternative, sein: 4,139 bzw. 4,209 bzw. 4,486 bzw. 4,805. Erwerbstätige mit Lehrabschluß (ohne Doppelausbildung, *ET*4, Gleichung (149)) gab es 1971 insgesamt 8,783 Millionen. 1985 werden es sein: 11,775 bzw. 11,603 bzw. 10,918 bzw. 9,925 Millionen. Die geringere Zahl von Personen mit abgeschlossener Lehr- und Anlernausbildung bei den Alternativen 3 und 4 resultiert aus dem Umstand, daß die Ausbildung im „Dualen System" zurückgedrängt wird zugunsten der Vollzeitschulausbildung im Sekundarbereich II.

Der Index der Qualitätsstruktur (*FB*, Gleichung (150)) soll die qualitative Verbesserung der Arbeitskraft in einer Zahl angeben, wobei angenommen wird, daß die verlängerte Ausbildung tatsächlich einen Produktivitätseffekt hat. Der Index ist ein gewogenes arithmetisches Mittel von Arbeitsproduktivitäten von fünf Ausbildungsgruppen im

Bereich der privaten Wirtschaft. Die Ausbildungsgruppen 1 bis 4 sind wie oben *ET*1 bis *ET*4 definiert. Die Ausbildungsgruppe 5 sind Erwerbstätige ohne abgeschlossene Ausbildung. Als Arbeitsproduktivitäten sind die normierten Medianwerte der Einkommen von Personen der betreffenden Ausbildung benutzt worden, wobei den Personen ohne abgeschlossene Ausbildung der Produktivitätsindex 1 zugeordnet wurde. Man erhält für die fünf Ausbildungskategorien die Produktivitätsziffern (von unten beginnend) 1; 1,218; 1,323; 2,207; 2,417. Diese Ziffern werden mit der Zahl der Erwerbstätigen der betreffenden Kategorie im privaten Bereich gewogen. Dieser Qualitätsindex hat 1971 die Größe: 1,149. Er steigt im Jahre 1985 auf: 1,244 bzw. 1,255 bzw. 1,275 bzw. 1,325, je nachdem, ob das Bildungssystem 1, 2, 3 oder 4 verwirklicht wird. Wie man sieht, ist der Unterschied jedenfalls bei den ersten drei Bildungssystemen ziemlich gering. Alle Bildungsinvestitionen sind eben sehr langfristiger Art und können sich in bezug auf eine „Qualitätsverbesserung der Arbeit" nur sehr langfristig auswirken. Bei Alternative 4, bei der ja angenommen wurde, daß die Expansion des Bildungssystems bereits bis 1975 abgeschlossen ist, fällt die Qualitätsverbesserung des Faktors Arbeit natürlich deutlicher aus.

G. *Die Struktur der durch das Bildungssystem veranlaßten direkten Nachfrage: Wirkung einer Ausweitung des Bildungssystems auf die Wirtschaftszweige*

Eine Ausweitung des Bildungssystems hat Nachfrageverschiebungen innerhalb der Wirtschaft zur Folge. Einzelne Wirtschaftszweige werden von einer solchen Entscheidung stärker berührt als andere. Um hierfür einen Anhaltspunkt zu gewinnen, wurde eine Input-Output-Rechnung an die Simulationen mit dem Bonner Prognosemodell angehängt.

Dabei wurde, um die gesamte Bildungsnachfrage zu erfassen, der sonst in der Volkswirtschaftlichen Gesamtrechnung übliche Begriff der „Endnachfrage" insofern verändert, als auch die vom Staat nachgefragten Vorleistungen (also die laufenden Käufe des Staates) als „Endnachfrage" klassifiziert wurden.

Die Figur 12 gibt ein Ergebnis dieser Berechnungen wieder. Die durch das Bildungssystem veranlaßte direkte Nachfrage im Jahr 1985 (in Mio. DM, in Preisen von 1966) ist für die verschiedenen Bildungsalternativen angegeben. Man erkennt insbesondere die Bedeutung der Bildungspolitik für das Baugewerbe, das Handwerk und die Kleinindustrie, die Papierverarbeitung und Druckerei, die Elektrotechnik, den Maschinenbau und die sonstigen Dienstleistungen.

Figur 12: Die durch das Bildungssystem veranlaßte direkte Nachfrage 1985 (Mill. DM in Preisen von 1966) bei Realisierung verschiedener Bildungssysteme.

		Bildungsnachfrage 1985 (B. Nachf. = Bildungsvorleistungen + Bildungsinvestitionen) bei Realisierung des Bildungssystems			
		1 = jetziges Bild.-System	2 = BLK-Planung	3 = Extremmodell	4 = Extremmodell, schneller realisiert
1	Landwirtschaft	91.	105.	139.	135.
2	Energiewirtschaft	284.	321.	413.	435.
3	Kohlebergbau	109.	124.	159.	167.
4	Sonst. Bergbau	2.	2.	2.	2.
2–4	Bergbau- u. Energiew.	395.	447.	574.	604.
5	Steine u. Erden	92.	111.	160.	126.
6	Eisen,-Stahl-Erzeug.-Gießerei	17.	19.	25.	26.
7	Stahlverformung	133.	162.	232.	183.
8	NE-Metallindustrie	35.	41.	57.	50.
9	Chemische Industrie	340.	401.	552.	490.
10	Mineralölverarb.	200.	226.	290.	306.
11	Kunstst.- u. Gummiverarb.	72.	84.	113.	105.
12	Holzbearb. u. Pap.-Erz.	265.	317.	443.	375.
5–12	Grundstoffind.	1154.	1361.	1873.	1659.
13	Stahlbau	256.	311.	448.	350.
14	Maschinenbau	550.	657.	922.	774.
15	Stra.- u. Luftf.-Bau	12.	14.	18.	19.
16	Schiffbau	0.	0.	0.	0.
17	Elektrotechnik	604.	712.	978.	870.
18	Feinmechanik, Optik	121.	143.	197.	173.
19	EBM-Industrie	125.	148.	204.	180.
13–19	Invest. Güterind.	1668.	1984.	2767.	2365.
20	Feinkeramik, Glas	212.	257.	366.	294.
21	MSSS-Industrie	40.	48.	68.	57.
22	Papierverarb., Druckerei	611.	693.	895.	930.
23	Lederindustrie	6.	7.	9.	10.
24	Textil u. Bekleidungsind.	62.	71.	94.	92.
20–24	Verbr. Güterind.	932.	1076.	1432.	1382.
25	Ernährungsind.	61.	69.	89.	93.
26	Tabakverarb. Ind.	0.	0.	0.	0.
25–26	Nahr.- u. Genußm.-Ind.	61.	69.	89.	93.
5–26	Verarb. Industrie	3815.	4490.	6160.	5500.
27	Handwerk, Kleinind.	632.	751.	1045.	898.
6–27	Verarb. Gewerbe	4355.	5129.	7045.	6272.
28	Baugewerbe	3673.	4439.	6332.	5083.
29	Großhandel	469.	551.	754.	678.
30	Einzelhandel	332.	393.	542.	477.
29–30	Handel	801.	943.	1295.	1154.
31	Eisenbahnen	121.	138.	180.	182.
32	Schiffahrt	9.	11.	14.	14.
33	Übriger Verkehr	310.	354.	462.	468.
34	Nachrichtenübermittlung	153.	173.	222.	234.
31–34	Verkehr	594.	676.	879.	898.
35	Kredit-, Versich.-Gew.	17.	19.	25.	26.
36	Wohnungsverm.	0.	0.	0.	0.
37	Sonst. Dienste	1448.	1677.	2242.	2140.
1–37	Unternehmen	11466.	13545.	18691.	16439.

6. Gesamtbeurteilung und Folgerungen

Das Gesamtergebnis der Untersuchungen ist, daß eine Realisierung des BLK-Planes zur Ausweitung des Bildungssystems gesamtwirtschaftlich möglich ist. In den ersten zwei bis drei Jahren, während die Investitionen zum Ausbau des Bildungssystems beginnen, wird der Multiplikatoreffekt sogar eine Steigerung des realen Bruttoinlandsprodukts herbeiführen. Anschließend liegt, wegen des Entzugseffekts an Arbeitskräften, wenn zusätzliche Schüler und Studenten in das Bildungssystem gezogen werden, das Bruttosozialprodukt für 8–10 Jahre um einige Milliarden unter demjenigen, das ohne Ausweitung des Bildungssystems erreichbar wäre. Wenn die Verlängerung der Ausbildung die Arbeitsproduktivität erhöht, steigt daraufhin das Sozialprodukt über das sonst erreichbare Niveau und bleibt ständig darüber. Ist die Ausdehnung der Ausbildung ohne Wirkung auf die Arbeitsproduktivität, so bleibt das Sozialprodukt beständig unter dem Niveau, das ohne Ausweitung des Bildungssystems hätte erreicht werden können. Ökonomisch gesehen ist dann die Ausweitung des Bildungssystems (von einer kurzen Anfangsperiode abgesehen) ein Verlust. Es kommt also alles darauf an, die Qualität der Ausbildung durch die Ausweitung des Systems nicht zu verschlechtern.

Die Ausweitung des Bildungssystems erhöht durch die Verknappung auf dem Arbeitsmarkt das Lohnniveau und damit auch das Preisniveau. Sie verschärft also das ohnehin bestehende Inflationsproblem. Dadurch wird der Leistungsbilanzüberschuß der deutschen Volkswirtschaft reduziert und macht, wenn das Ausland nicht ebenfalls stärker inflationiert, einem Leistungsbilanzdefizit Platz.

Auch eine etwas weitergehende Ausweitung des Bildungssystems, als sie der BLK-Plan vorsieht, ist gesamtwirtschaftlich noch tragbar. Allerdings wird dann die Aufrechterhaltung der Qualität des Bildungssystems von ganz entscheidender Bedeutung, weil andernfalls die Verluste, die in der zweiten Phase der Ausdehnung des Bildungssystems (wenn der Entzugseffekt wirksam wird) entstehen, am Ende ganz beträchtliche Größenordnungen erreichen.

Diskussion

Herr Griese: Haben Sie eigentlich auch Projektionen über 1985 hinaus, ungeachtet der Schwierigkeit der Prämissen, durchgeführt? Ich spreche da das Phänomen an, daß sich das Bevölkerungswachstum dann zu einer Bevölkerungsschrumpfung hin verändert haben wird, so daß trotz einer prozentualen Steigerung des Anteils eines Jahrgangs, der in das Bildungssystem hineingeht, die Abgänger in absoluten Zahlen sinken werden.

Ich möchte damit jetzt nicht die Fragwürdigkeit der Ausweitung des Bildungssystems ansprechen, sondern mich würde interessieren, ob man dann vielleicht andere Annahmen in das Modell stecken müßte. Man könnte dann ja vermutlich die Steigerung der Arbeitsproduktivität nicht mehr in dem Maße annehmen. Außerdem könnte man sich dann vorstellen, daß auch ausländische Arbeitnehmer mit einem höheren Qualifikationsniveau in unserer Wirtschaft vorhanden sein müßten, um die eigenen fehlenden Absolventen zu ersetzen. Vielleicht entsteht dann das Kuriosum, daß wir eine Arbeitsproduktivitätssteigerung aufgrund des Ausbaus unseres Bildungssystems annehmen, wir aber gleichzeitig Menschen haben, die gar nicht aus unserem Bildungssystem kommen, sondern die aus dem Ausland hinzuwandern.

Daher meine Frage, ob Sie Projektionen über 1985 hinaus mit eventuell geänderten Prämissen angestellt haben.

Herr Krelle: Wir haben solche Prognosen auch über das Jahr 1985 bis zum Jahre 2000 gemacht. Wir haben das aber nicht veröffentlicht, weil die Ergebnisse zu unsicher sind.

Wir haben dabei nicht angenommen, daß das Produktivitätsniveau bei ausländischen Arbeitern stärker steigt, sondern vorausgesetzt, daß diese auf dem Niveau der ungelernten Arbeiter bleiben, wobei die Arbeitsproduktivität auch der ungelernten Arbeiter aber steigt. Wir haben keine Alternativrechnung unter der Annahme gemacht, daß wir qualifiziertere ausländische Arbeitskräfte bekommen. Ich halte das auch für unwahrscheinlich. Wir werden doch wahrscheinlich die ausländischen

Arbeitskräfte eher aus Ländern bekommen, in denen sie bestenfalls Lesen, Schreiben und Rechnen gelernt haben, aber nicht viel mehr.

Herr Fucks: Ich möchte zu sprechen kommen auf das Problem, ob es sich lohnt, zu einer bestimmten Zeit mit Opfern das Bildungssystem zu erweitern und Schichten, die bis dahin eine wenig hohe Bildung hatten, eine höhere Bildung zu geben, in der Erwartung, daß sich das später auszahlt.

Kann man so etwas nicht beispielsweise irgendwo finden, wo es schon einmal versucht worden ist?

Einen solchen Vergleich bietet die Ingenieurausbildung in Deutschland und in England.

Bis vor kurzem war in England die Ingenieurausbildung eine mittlere Ausbildung. Man hatte keine Technischen Hochschulen. Man gab den englischen Ingenieuren mit ganz wenigen Ausnahmen an einzelnen Instituten an Universitäten keine akademische Ausbildung. In Deutschland hat man damit schon vor ungefähr 100 Jahren angefangen, Technische Hochschulen gaben den bis dahin auf einer mittleren Stufe Ausgebildeten eine akademische Ausbildung für die Technik.

Man hat bei uns also dieses größere Opfer gebracht. Es besteht, glaube ich, heute kein Zweifel darüber, daß sich im Vergleich zu England die höhere akademische Ausbildung in Deutschland gelohnt hat.

Herr Krelle: Es würde mich sehr freuen, wenn das gleiche sich jetzt wiederholen würde. Ich hoffe es jedenfalls.

Als wir das Forschungsprojekt damals konzipierten, hatten wir viel Ärger an den Hochschulen. Die Frage war, ob überhaupt eine gewisse Ordnung an den Hochschulen aufrechterhalten werden könnte oder ob sie zu Festungen für die Eroberung der Gesellschaft von linksradikaler Seite umfunktioniert werden würden.

Jetzt bin ich weniger kritisch. Nachdem in den USA das Problem der politischen Unruhen an den Hochschulen völlig beseitigt ist und wir den USA immer ein paar Jahre hinterherlaufen, wird es auch bei uns bald wieder so sein, daß an den Hochschulen hart gelernt wird. Wenn das der Fall ist, werden auch die positiven Wirkungen der Hochschulausweitung eintreten.

Herr G. O. Schenck: Ich würde noch einmal gern das Problem der Arbeitsproduktivität anschneiden.

Es ist doch so, daß Sie mit Ihrem Modell interessanterweise gezeigt haben, daß eine Steigerung des Bruttosozialprodukts oder auch nur dessen Erhaltung nur gewährleistet werden kann, wenn es zu einer Steigerung der Arbeitsproduktivität kommt.

Nun ist es aber so, daß wir die Arbeitsproduktivität als einen Faktor mit der Zahl der Beschäftigten, die dann in die Industrie usw. gehen, multiplizieren müssen. Wenn nämlich jetzt die Leute, die ausgebildet sind, nicht die entsprechende Beschäftigung finden können, dann sinkt natürlich das Produkt von Arbeitsproduktivität mal der Zahl der Beschäftigten, das heißt also, es besteht doch ernstlich nach Ihrem Modell die Gefahr, daß wir nachher zu einer dauernden Absenkung des Bruttosozialprodukts kommen, wenn wir diese Dinge nicht richtig im Griff haben, und möglicherweise das geschieht, daß eine Gruppe von Menschen zu gut ausgebildet ist, um noch Spaß an einer bestimmten Tätigkeit zu finden. Diese Art von overeducation spielt ja auch noch eine Rolle.

Denken Sie beispielsweise an den Ingenieur, der davon begeistert ist, Ingenieur zu sein. Wird er zum Beispiel zum rein theoretischen Physiker ausgebildet, dann kann er die Aufgaben, die in der Industrie in einem bestimmten Bereich von ihm verlangt werden, einfach nicht mehr durchführen, weil seine Wertskala völlig anders ist. Die Umstellung ist einfach zu lang. Er hat sehr lange studiert. Er wird dadurch praktisch der Volkswirtschaft entzogen.

Könnten Sie mir vielleicht dazu noch etwas sagen?

Herr Krelle: Sie haben zwei Probleme angesprochen: einmal das Problem, daß die Arbeitsproduktivität im wesentlichen vom Arbeitsplatz abhängt und nicht so sehr von der Vorbildung der Person. Wenn zum Beispiel ein Akademiker als Kranführer eingesetzt wird, dann nützt ihm seine Vorbildung nichts. Es stellt sich also die Frage, ob sich bei der heutigen Technologie die bessere Ausbildung tatsächlich produktivitätssteigernd auswirkt, wenn sie nicht auch in den Maschinen realisiert ist. Das kann aber eintreten. Dann wird die bessere Ausbildung auf einem Umweg, nämlich über den Bau verbesserter Maschinen, doch einen Einfluß auf die Arbeitsproduktivität haben. Wenn Personen nicht mehr bereit sind, gewisse Arbeiten anzunehmen, dann wird sich die Maschinenindustrie anstrengen müssen, die Arbeitsplätze „um den Menschen herum" zu bauen und nicht die Menschen dort einzusetzen, wo sie im Augenblick keine technische Lösungsmöglichkeit für maschinelle Fertigung sehen.

Das zweite Problem ist arbeitspsychologischer Art. Wenn das Anspruchsniveau so angehoben wird, daß der einzelne keinen Arbeitsplatz findet, der seinem Anspruchsniveau entspricht, dann tritt das ein, was man heutzutage auf Neu-Deutsch Frustrierung nennt. Das ist sicher ein Problem.

In Amerika ist das anders. Ich habe einmal in der Nähe von San Francisco ein assembling plant der Ford-Company besichtigt. Der Direktor, der mich herumführte, war sehr stolz, als er mir sagte, er habe fast nur Highschool-Absolventen als Arbeiter. Denen ist dabei kein Stein aus der Krone gefallen. Es waren eben keine „Abiturienten" in unserem Sinne.

Wir müßten es bei der Ausweitung des Bildungssystems fertig bringen, das Anspruchsniveau abzubauen, so daß jemand, wenn er von der Universität kommt, nicht meint, er müsse deswegen Staatssekretär werden oder in den Vorstand einer Gesellschaft kommen, andernfalls sei er „gescheitert".

Herr G. O. Schenck: Die Highschool ist natürlich keine Universität, sondern sie ist noch nicht einmal eine Ingenieurschule unseres deutschen Niveaus. Das muß man dabei berücksichtigen.

Herr Firnhaber: Inwieweit haben Ihnen die schon jetzt eingetretenen Fakten bereits das Konzept verdorben? Wenn ich es recht verstanden habe, dann hatten Sie doch zu untersuchen: Was geschieht, wenn wie empfohlen ausgebaut wird? Nun haben die Finanzminister aber inzwischen schon festgestellt, daß so nicht ausgebaut werden kann, jedenfalls nicht hinsichtlich der Bauten und der Verstärkung des Personals. Das führt dann zu den bekannten mißlichen Erscheinungen des numerus clausus mit der Folge, daß über die achtziger Jahre hinweg jährlich 50000 Hochschulberechtigte endgültig abgewiesen werden, woraus sich dann für Ihr Modell wieder Deformierungen ergeben könnten.

Herr Krelle: Wir haben die Untersuchungen angestellt, als es noch einigermaßen offen war, welche politische Entscheidung getroffen werden sollte. Wir bewegen uns jetzt im großen und ganzen etwa beim BLK-Plan. Wir werden ihn wahrscheinlich zeitlich strecken müssen.

Bezüglich des Budgets wurde angenommen, daß das Steuersystem bleibt, wie es jetzt ist. Das habe ich hier nicht vorgetragen. Die öffentlichen Haushalte werden in der Tat in erhebliche Defizite geraten bei der Realisierung dieser Pläne. Das verhindert aber die Realisierung nicht notwendigerweise. Es bedeutet nur, daß wir dann die Steuern erhöhen und damit aus dem privaten Bereich Ressourcen herausziehen müssen, um sie in den öffentlichen Bereich zu stecken. Wenn wir das nicht wollen und Anleihen nicht unterzubringen sind und die Bundesbank keine Kredite gibt, sind die Pläne natürlich nicht realisierbar. Das ist aber eine Frage des politischen Willens und nicht der ökonomischen Möglichkeit.

Herr Firnhaber: Ich glaubte, diese Willensbildung sei schon erfolgt, auch in der Erkenntnis, daß die Geburtenjahrgänge rückläufig sind und man sich davor hüten will, zu groß zu bauen.

Herr Schmeißer: Herr Krelle, eine der schockierendsten Aussichten haben Sie fast beiläufig gebracht, als Sie sagten: Dann haben wir eben gut ausgebildete Menschen, die praktisch „an die Stelle derjenigen treten, die wir früher schon einmal in Gestalt des großen Heeres der Arbeitslosen hatten; das ergibt sich daraus zwangsläufig".

Könnten wir also aufgrund dieser Aussage Teile Ihres heutigen Vortrags als eine „Anti-Picht" Äußerung ansehen?

Herr Krelle: Ich glaube in der Tat, daß das, was Picht mit seiner Propagierung einer „Bildungskatastrophe" zustande gebracht hat, eine overreaction war. Wir sind zwar in der richtigen Richtung vorwärtsgeschritten. Wir sollten unser Bildungssystem ausweiten. Das war eine gute Entscheidung, die sich im Sinne der Ausführungen von Herrn Fucks langfristig positiv auswirken wird, wenn wir das Schulsystem und Universitätssystem in Ordnung halten. Wir sind hier aber zu schnell vorgegangen. Wir haben in der ersten Euphorie Riesenpläne gemacht und anlaufen lassen, ohne zu überlegen, was das für Konsequenzen hat. Das schlimmste sind dabei nicht die Haushaltsdefizite, die können wir finanzieren. Viel ärgerlicher sind die Disproportionalitäten im Bildungssystem. Es wird auch politische Widerstände geben, weil auf die Dauer nicht alle übrigen diese Opfer für 20% der Bevölkerung bringen wollen, die auf die Hochschulen gehen. Die Bevölkerung besteht ja nicht nur aus Akademikern, und es stellt sich die Frage: Wollen wir denn für deren Bildung und Ausbildung nicht auch etwas tun?

Man hätte das Bildungssystem in allen Teilen ausweiten und dabei die richtigen Proportionen einhalten sollen.

Was sollen jetzt die Abiturienten machen, die keinen Studienplatz und keine Lehrstelle finden? Sie sind in einer schlimmen Situation, die sie sicher nicht verschuldet haben.

Dabei waren die jetzigen Schwierigkeiten durchaus vorauszusehen. Das Schulsystem ist schnell auszudehnen. Das kostet relativ wenig Geld. Auch die Lehrer sind vorhanden. Das Hochschulsystem ist dagegen weit schwerer auszudehnen, und es ist zudem weit teurer. Damit kommt man zu Disproportionalitäten innerhalb des Bildungssystems, ganz abgesehen davon, daß auch Lerninhalt und Lernziele sich ändern müssen, wenn statt 5% eines Jahrgangs 20% auf die Hochschule kommen. Das alles war nicht vorher überlegt. Trotzdem: Diese Schwierigkeiten wird man überwinden, und wenn die Qualität des Bildungssystems nicht absinkt, werden wir am Ende alle einen Nutzen von seiner Ausweitung haben.

Herr Zerna: Könnten Sie mit Ihrem jetzigen System sozusagen das Endergebnis, das man 1985, 1990 oder 2000 haben will, einbauen, um dann rückwärts zu fragen: Wie müßte das Bildungssystem aussehen, das man dann haben will? Geht das?

Herr Krelle: Das geht schon, allerdings nicht genau in dieser Form. Wir müßten das System zu einem Optimierungsmodell umbauen. Dazu müßte man aber eine soziale Präferenzfunktion haben, und die ist nicht leicht zu gewinnen. Es ist im Grunde eine politische Frage, d. h. eine Frage der sozialen Präferenzen, wieviel Bildung wir haben wollen und wieviel wir uns eine Vermehrung der Bildung kosten lassen wollen, jedenfalls wenn Bildung als Konsumgut aufgefaßt wird. Wir müßten dann aber nicht nur die Höheren Schulen und die Hochschulen betrachten, sondern das gesamte Bildungssystem. Man kann die Ingenieurschulen, Fachschulen, Akademien und die gesamte Lehrlingsausbildung, die für 80% der Bevölkerung zuständig sind, nicht außer acht lassen. Bildungs- und Ausbildungsniveau der Mehrzahl der Bevölkerung muß genauso gehoben werden wie das der 20% Glücklichen, die zum Hochschulsystem gelangen. Dies wurde leider in letzter Zeit ziemlich aus dem Auge verloren. Man hätte das System der Höheren Schulen langsamer ausdehnen sollen, nämlich etwa proportional zur Ausdehnung des Hochschulsystems, und gleichzeitig eine Verbesserung der mittleren Ausbildung – der Berufsschulen, Ingenieurschulen usw. – in Angriff nehmen sollen. Dann hätte man sich diese ganzen Schwierigkeiten erspart, vor denen wir jetzt stehen. Jetzt müssen wir warten, bis das Gesamtsystem langsam wieder eine ausgewogene Struktur erhält.

So wie das Bildungssystem jetzt ist, haben die Abiturienten in der Tat kaum eine andere Chance, als zur Hochschule zu gehen. Die Banken nehmen sie kaum noch auf, die Lehrfirmen wollen sie nicht haben. Sie nehmen viel lieber junge Leute von 15 oder 16 Jahren für die Lehrlingsausbildung als einen Abiturienten.

Aber Jammern nützt nichts. Wir müssen sehen, wie wir die jetzt bestehenden Disproportionalitäten beseitigen. Darüber habe ich einige Vorstellungen, aber es würde zu weit führen, jetzt hierauf einzugehen.

235	*Bernhard Sann, Aachen*	Die Senkung der Maschinenleistung bei Steigerung der Gewinnungsleistung und die Einsteuerung von Maschinen für die schälende Gewinnung von Steinkohle
	Lothar Freytag, Westfalia Lünen	Möglichkeiten der Verwirklichung von Forschungs- und Versuchsergebnissen in der Konstruktion von Maschinen für die schälende Kohlengewinnung
236	*Werner Reichardt, Tübingen*	Verhaltensstudie der musterinduzierten Flugorientierung an der Fliege *Musca domestica*
	Werner Nachtigall, Saarbrücken	Biophysik des Tierflugs
237	*Henry C. J. H. Gelissen, Wassenaar (Niederlande)*	Maßnahmen zur Förderung der regionalen Wirtschaft, gesehen im Blickfeld der EWG
	Horst Albach, Bonn	Kosten- und Ertragsanalyse der beruflichen Bildung
238	*Victor Potter Bond, Upton (USA)*	The Impact of Nuclear Power on the Public: The American Experience
239	*Hennig Stieve, Jülich*	Mechanismen der Erregung von Lichtsinneszellen
240	*Edmund Hlawka, Wien*	Mathematische Modelle der kinetischen Gastheorie
241	*Werner Buckel, Karlsruhe*	Aktuelle Probleme der Supraleitung
	Werner Schilling, Jülich	Zwischengitteratome in Metallen
242	*Reimar Lüst, München*	Plasma-Experimente im Weltraum
243	*Giuseppe Montalenti, Rome*	Recent advances in the understanding of some selective mechanisms in man
	G. H. Ralph von Koenigswald, Frankfurt/M.	Entwicklungstendenzen der frühen Hominiden
244	*Volker Aschoff, Aachen*	Aus der Geschichte der Nachrichtentechnik
245	*Lucien Coche, Paris*	Angewandte Forschung für die Stahlerzeugung in den Unternehmen, auf nationaler Ebene und in der Europäischen Gemeinschaft
	Ludwig von Bogdandy, Duisburg	Wechselwirkungen zwischen physikalisch-chemischer Grundlagenforschung, theoretischer Metallurgie und großindustrieller Stahlerzeugung
246	*Theodor Wieland, Heidelberg*	Cyclische Peptide als Werkzeuge der molekularbiologischen Forschung
	Karl-Dietrich Gundermann, Clausthal-Zellerfeld	Grundlagen und Anwendungsmöglichkeiten von Chemilumineszenz, der Umwandlung von chemischer Energie in Licht
247	*Martin J. Beckmann, München und Providence, R. I.*	Wirtschaftliches Wachstum bei erschöpfbaren Ressourcen
	Peter Schönfeld, Bonn	Neuere Beiträge zur statistischen Behandlung autoregressiver Regressionsmodelle
248	*Hermann Haken, Stuttgart*	Quantenoptik, Laser, nichtlineare Optik
249	*Werner Hauss, Münster*	Über Erkrankungen des Herzens und der Gefäße im Alter, insbesondere über den Herzinfarkt und seine Behandlung
	Wolfgang Lutzeyer, Aachen	Die Behandlung des Blasensteins
250	*Helmut Holzer, Freiburg/Br.*	Regulation der Lebensvorgänge auf Enzymebene
251	*Hans Ebner, Aachen*	Grundlagen zum Entwurf von Plattformen und Behältern für die Meerestechnik
	Helmut Domke, Aachen	Probleme bei der Verwendung von Kunststoffen für tragende Konstruktionen
252	*Walter Ameling, Aachen*	Technische Aspekte der Informatik
	Walter L. Engl, Aachen	Prognosekriterien für technologische Entwicklungen der Elektronikindustrie
253	*Kurt Hamdorf, Bochum*	Primärprozesse beim Sehen der Wirbellosen
	Dietrich von Holst, München	Sozialer Streß bei Tier und Mensch
254	*Hans Kuhn, Göttingen*	Evolution selbstorganisierender chemischer Systeme
	Günther Wilke, Mülheim a. d. Ruhr	Zur Leistungsfähigkeit homogener Übergangsmetall-Katalysatoren
255	*Erich Potthoff, Düsseldorf*	Grundriß einer speziellen Betriebswirtschaftslehre der Hochschule
	Wilhelm Krelle, Bonn	Wirtschaftliche Auswirkungen der Ausweitung des Bildungssystems in der Bundesrepublik Deutschland

ABHANDLUNGEN

Band Nr.		
27	*Ahasver von Brandt, Heidelberg, Paul Johansen, Hamburg, Hans van Werveke, Gent, Kjell Kumlien, Stockholm, Hermann Kellenbenz, Köln*	Die Deutsche Hanse als Mittler zwischen Ost und West
28	*Hermann Conrad †, Gerd Kleinheyer, Thea Buyken und Martin Herold, Bonn*	Recht und Verfassung des Reiches in der Zeit Maria Theresias. Die Vorträge zum Unterricht des Erzherzogs Joseph im Natur- und Völkerrecht sowie im Deutschen Staats- und Lehnrecht
29	*Erich Dinkler, Heidelberg*	Das Apsismosaik von S. Apollinare in Classe
30	*Walther Hubatsch, Bonn, Bernhard Stasiewski, Bonn, Reinhard Wittram †, Göttingen, Ludwig Petry, Mainz, und Erich Keyser, Marburg (Lahn)*	Deutsche Universitäten und Hochschulen im Osten
31	*Anton Moortgat, Berlin*	Tell Chuēra in Nordost-Syrien. Bericht über die vierte Grabungskampagne 1963
32	*Albrecht Dihle, Köln*	Umstrittene Daten. Untersuchungen zum Auftreten der Griechen am Roten Meer
33	*Heinrich Behnke und Klaus Kopfermann (Hrsg.), Münster*	Festschrift zur Gedächtnisfeier für Karl Weierstraß 1815–1965
34	*Joh. Leo Weisgerber, Bonn*	Die Namen der Ubier
35	*Otto Sandrock, Bonn*	Zur ergänzenden Vertragsauslegung im materiellen und internationalen Schuldvertragsrecht. Methodologische Untersuchungen zur Rechtsquellenlehre im Schuldvertragsrecht
36	*Iselin Gundermann, Bonn*	Untersuchungen zum Gebetbüchlein der Herzogin Dorothea von Preußen
37	*Ulrich Eisenhardt, Bonn*	Die weltliche Gerichtsbarkeit der Offizialate in Köln, Bonn und Werl im 18. Jahrhundert
38	*Max Braubach †, Bonn*	Bonner Professoren und Studenten in den Revolutionsjahren 1848/49
39	*Henning Bock (Bearb.), Berlin*	Adolf von Hildebrand Gesammelte Schriften zur Kunst
40	*Geo Widengren, Uppsala*	Der Feudalismus im alten Iran
41	*Albrecht Dihle, Köln*	Homer-Probleme
42	*Frank Reuter, Erlangen*	Funkmeß. Die Entwicklung und der Einsatz des RADAR-Verfahrens in Deutschland bis zum Ende des Zweiten Weltkrieges
43	*Otto Eißfeldt †, Halle, und Karl Heinrich Rengstorf (Hrsg.), Münster*	Briefwechsel zwischen Franz Delitzsch und Wolf Wilhelm Graf Baudissin 1866–1890
44	*Reiner Haussherr, Bonn*	Michelangelos Kruzifixus für Vittoria Colonna. Bemerkungen zu Ikonographie und theologischer Deutung
45	*Gerd Kleinheyer, Regensburg*	Zur Rechtsgestalt von Akkusationsprozeß und peinlicher Frage im frühen 17. Jahrhundert. Ein Regensburger Anklageprozeß vor dem Reichshofrat. Anhang: Der Statt Regenspurg Peinliche Gerichtsordnung
46	*Heinrich Lausberg, Münster*	Das Sonett *Les Grenades* von Paul Valéry
47	*Jochen Schröder, Bonn*	Internationale Zuständigkeit. Entwurf eines Systems von Zuständigkeitsinteressen im zwischenstaatlichen Privatverfahrensrecht aufgrund rechtshistorischer, rechtsvergleichender und rechtspolitischer Betrachtungen
48	*Günther Stökl, Köln*	Testament und Siegel Ivans IV.
49	*Michael Weiers, Bonn*	Die Sprache der Moghol der Provinz Herat in Afghanistan
50	*Walther Heissig (Hrsg.), Bonn*	Schriftliche Quellen in Moġolī. 1. Teil: Texte in Faksimile
51	*Thea Buyken, Köln*	Die Constitutionen von Melfi und das Jus Francorum
52	*Jörg-Ulrich Fechner, Bochum*	Erfahrene und erfundene Landschaft. Aurelio de'Giorgi Bertòlas Deutschlandbild und die Begründung der Rheinromantik

53	*Johann Schwartzkopff (Red.), Bochum*	Symposium ‚Mechanoreception'
54	*Richard Glasser, Neustadt a. d. Weinstr.*	Über den Begriff des Oberflächlichen in der Romania
55	*Elmar Edel, Bonn*	Die Felsgräbernekropole der Qubbet el Hawa bei Assuan. II. Abteilung. Die althieratischen Topfaufschriften aus den Grabungsjahren 1972 und 1973
56	*Harald von Petrikovits, Bonn*	Die Innenbauten römischer Legionslager während der Prinzipatszeit
57	*Harm P. Westermann u. a., Bielefeld*	Einstufige Juristenausbildung. Kolloquium über die Entwicklung und Erprobung des Modells im Land Nordrhein-Westfalen
58	*Herbert Hesmer, Bonn*	Leben und Werk von Dietrich Brandis (1824–1907) – Begründer der tropischen Forstwirtschaft. Förderer der forstlichen Entwicklung in den USA. Botaniker und Ökologe
59	*Michael Weiers, Bonn*	Schriftliche Quellen in Mogolī, 2. Teil: Bearbeitung der Texte

Sonderreihe
PAPYROLOGICA COLONIENSIA

Vol. I *Aloys Kehl, Köln*	Der Psalmenkommentar von Tura, Quaternio IX (Pap. Colon. Theol. 1)
Vol. II *Erich Lüddeckens, Würzburg, P. Angelicus Kropp O. P., Klausen, Alfred Hermann † und Manfred Weber, Köln*	Demotische und Koptische Texte
Vol. III *Stephanie West, Oxford*	The Ptolemaic Papyri of Homer
Vol. IV *Ursula Hagedorn und Dieter Hagedorn, Köln, Louise C. Youtie und Herbert C. Youtie, Ann Arbor*	Das Archiv des Petaus (P. Petaus)
Vol. V *Angelo Geißen, Köln*	Katalog Alexandrinischer Kaisermünzen der Sammlung des Instituts für Altertumskunde der Universität zu Köln Band I: Augustus-Trajan (Nr. 1–740)
Vol. VI *J. David Thomas, Durham*	The epistrategos in Ptolemaic and Roman Egypt. Part 1: The Ptolemaic epistrategos

SONDERVERÖFFENTLICHUNGEN

Der Minister für Wissenschaft und Forschung des Landes Nordrhein-Westfalen – Landesamt für Forschung –	Jahrbuch 1963, 1964, 1965, 1966, 1967, 1968, 1969, 1970 und 1971/72 des Landesamtes für Forschung

Verzeichnisse sämtlicher Veröffentlichungen der Arbeitsgemeinschaft für Forschung des Landes Nordrhein-Westfalen, jetzt der Rheinisch-Westfälischen Akademie der Wissenschaften, können beim Westdeutschen Verlag GmbH, Postfach 300 620, 5090 Leverkusen 3 (Opladen), angefordert werden.